JN296433

わたしのぶつりクロニクル

私の物理年代記

奥田 毅 著

内田老鶴圃

目　次

わたしのぶつりクロニクル

はじめに ……………………………………………………… i

尋常小学校―1915 年 …………………………………………… 1
旧制中学―1921 年 ……………………………………………… 9
旧制六高―1926 年 ……………………………………………… 13
東北帝大物理学科―1929 年 …………………………………… 29
学士浪人―1932 年 ……………………………………………… 41
大阪帝大へ―1933 年 …………………………………………… 45
阪大の湯川先生―1933 年 ……………………………………… 51
阪大の研究室―1935 年 ………………………………………… 65
開　戦―1941 年 ………………………………………………… 79
核分裂―1938〜44 年 …………………………………………… 87
原爆投下―1945 年 ……………………………………………… 115
低温物理の研究―1946 年 ……………………………………… 129
中国の原爆―1949 年 …………………………………………… 147
第五福竜丸―1954 年 …………………………………………… 159
原子力開発―1954 年 …………………………………………… 163
海外視察―1963 年 ……………………………………………… 169
岡山理大―1972 年 ……………………………………………… 177

おわりに …………………………………………………… 183

人名索引 …………………………………………………… 185

はじめに

　物理学は20世紀に飛躍的に進歩したといわれている．理論物理学でみると1900(明治33)年にはプランクの量子論，1905(明治38)年にはアインシュタインの特殊相対性理論と光量子仮説の発表がある．

　1913(大正2)年にはボーアの原子構造論の発表があった．1915(大正4)年にはアインシュタインの一般相対性理論が発表されたが，この年に私は小学校に入学した．

　1923(大正12)年にはド・ブロイが物質波の考えを発表し，1925(大正14)年にはハイゼンベルクが行列を使った量子論の発表をした．

　1926(大正15)年にはシュレディンガーが波動力学を発表したが，この年に私は旧制高校に入学した．

　1928(昭和3)年にはディラックが相対論的電子方程式を発表した．私は東北帝大の物理学科3年のとき，三枝先生の講義で初めて耳にしたが，たいへん難解でよく理解できなかった思い出がある．

　この年の12月にはゾンマーフェルトが来日して，東大や理研，京大で新しく生れたばかりの量子力学や波動力学の講演があった．私はまだ旧制高校に在学中であったので，これらのことは新聞記事で知ったり，先輩から後に教えられた程度の知識しかない．

　1935(昭和10)年には湯川先生の中間子論の発表があった．私はその頃，阪大の物理教室の助手で，研究室は湯川先生の隣りにあった．

　1948(昭和23)年には朝永先生達のくりこみ理論の発表があったが，まだ終戦後の混乱がおさまらず，阪大は開店休業の状態に近かった．

　1957(昭和32)年には超伝導の理論についてバーディーン達の発表があった．私は大阪市大に移っていたが，低温の研究に手はつけていたものの液体ヘリウムは得られず，液体チッ素で実験をしていた頃である．

1964(昭和39)年にはゲルマン達のクォーク理論が発表された．大阪市大では液体ヘリウムを使う研究が始まった頃である．

次は20世紀の実験物理学の方面をみることにする．

1908(明治41)年にはオンネスによるヘリウム液化の実験がある．これでいわゆる液化不能の完全気体はなくなった．私はこの年に生れた．

1911(明治44)年にはウィルソンによる霧箱の発明と，カマリング・オンネスによる超伝導の発見がある．

1912(大正元)年にはラウエが結晶を使ってX線の回折現象を発見した．

1919(大正8)年にはラザフォードがアルファ粒子を使った原子核の破壊に初めて成功した．

1922(大正11)年にはコンプトン効果の発見があった．

1927(昭和2)年にはG. P. トムソンらが電子線の回折現象を発見した．これにひきつづいた菊池正士先生の実験は有名である．

1928(昭和3)年にはラマン効果が発見された．これは実験法が簡単であったので日本でも盛んに研究されるようになった．

1930(昭和5)年にはローレンスらによりサイクロトロンが発明された．これが日本でとりあげられたのは1935(昭和10)年頃で，理研の仁科研究室で建設が始められた．

1932(昭和7)年に私は東北帝大の物理学科を卒業したが，この年は物理学上の大発見がひきつづいてあった．

中性子がチャドウィックによって発見され，陽電子はアンダーソンが発見し，重水素が初めてユーリーによって分解された．

その中で重水素は水の電気分解によって得られることが明らかになったので，日本国内の各地で実験が始まった．

コッククロフトとウォルトンが高電圧加速装置で原子核の人工変換に成功したのもこの年であった．東北帝大の物理教室では山田先生がいち早くシンポジウムでこの実験を紹介された．

東京の理研や阪大で，この装置がはたらきだしたのは，1935(昭和10)年頃

であった．

1937(昭和12)年になるとアンダーソンにより宇宙線の中間子が発見され，湯川先生の中間子論は学界の注目をあびることになる．

ハーンやシュトラスマンらがウランの核分裂を発見したのは1938(昭和13)年であったが，1945(昭和20)年には原子爆弾ができてしまった．私は阪大の助教授になっていた．

1928(昭和3)年，外遊中であった仁科芳雄先生が帰国された．先生は私の旧制中学，高校の大先輩である．

日本での量子力学の研究は仁科先生の帰国から始まったといってよいだろう．

1929(昭和4)年に私は東北帝大の物理学科に入学した．この年にハイゼンベルクとディラックが来日し各地で講演があったが，その司会者は仁科先生であった．

物理教室では若い先生がたが量子力学の学習に一生けん命であった．量子力学が理論物理学の新分野であることぐらいは新入学生でも理解できたが，内容は全くわからなかった．

3年生のとき，山田先生の指導でゾンマーフェルトの著書を読んだり，高橋先生の量子論の講義を受けたりしたので，量子力学の入口はおぼろげながらわかったような気がした．

3年生になると特定の先生の指導を受けることになっていたので，自然に"理論"か"実験"に重点をおかなければならない．私は"実験"の道を選んで高橋先生からスペクトルを教えてもらった．

1933(昭和8)年から大阪帝大の物理教室の職員になって以来，60年以上も物理学と縁が切れない生活がつづく．

なぜこのようなことになったかとふり返ってみると，旧制高校に在学中，化学を学んだ山岡望先生の影響が大きく作用しているようである．

山岡先生は後に化学教育賞をもらわれたほど教育に熱心であったので，後に

化学者になった弟子が多く出た．

　私は化学者にはならなかったが，学問に対する情熱というようなものを教えこまれた．先生は講義中しばしば科学者の伝記についての解説があり，その影響で物理学徒の道を選んでしまったらしい．

　ふりかえってみると，今まで述べたように躍進と飛躍をつづけた20世紀の物理学とともに生きてきた一生であり，日本帝国の滅亡をも経験した一人でもあった．

　あるいは珍しい体験でもあったと思われるので，一老人の昔話を書きしるすことにした．

寻常小学校—1915 年

2

　私は1908(明治41)年に岡山県の田舎に生れた．この年はカマリング・オンネス[1]がヘリウムの液化に成功した年である．オンネスはオランダのライデン大学の教授であった．

　彼は液体水素を作ってヘリウムを充分に冷やした後，ジュール－トムソン効果により液化しようと思った．一定の温度以下に冷やした気体を細孔から噴出させると温度が下がるが，これがジュール－トムソン効果である．

　液体水素をつくるには液体空気が必要なので，オンネスは7月9日にまず液体空気をつくり，翌日には液体水素をつくった．そしてようやく午後7時30分にヘリウムの液体ができた．これで全ての気体は液化することが明らかになった．

　ヘリウムの液体は$-269°C$の低温であるが，それを利用してオンネスは超伝導現象を発見し，1913(大正2)年にはノーベル物理学賞をもらった．

　私は1915(大正4)年に尋常小学校に入った．その頃の義務教育は6年で，小学校を卒業したら，中学校に進んでもよいし，2年で卒業できる高等小学校に入学してもよかった．

　第一次大戦は1914(大正3)年から始まっていて，X線分光学の開拓者のモーズリー[1]は英国軍人として出征し，1915(大正5)年8月15日に戦死した．有名なチャーチルが指導して大失敗に終ったダーダネルス作戦に通信隊員として参加したが，銃弾が頭を貫通して電話器をもったまま即死した．

　小学校の高学年になると理科の授業があった．田舎のことであったから植物や動物の観察には不自由しなかったが，化学や物理学に関することとなるとおそまつな教育であったような気がする．

　酸素や水素とか二酸化炭素とかの話題では簡単な実験を見せてもらった．しかし物理関係では黒板にかかれた図による説明が多かった．ガラス棒を布で摩擦すると電気が起きるというような実験は見せてもらった．

　職員室には理化学器械の入った戸棚があり，中にはライデン瓶，金箔検電

---

[1]　Heike Kamerlingh Onnes (1853〜1926)
[1]　H. G. J. Moseley (1887〜1915)

器，感応起電機等がおかれていたが，教室にもち出されたことはほとんどなかった．

ライデン瓶（図1）はガラス瓶の内外に金属箔をはりつけた簡単なコンデンサーで，歴史はかなり古い．ライデンの物理学者ミュッセンブロク[1]は瓶のなかに水を入れ起電機につないでおいた．それから片手で瓶をもち，他の手で起電機につないであった針金にふれたところ，腕から胸にかけて強いショックがあった．1746(延享3)年である．これがライデン瓶の始まりである．

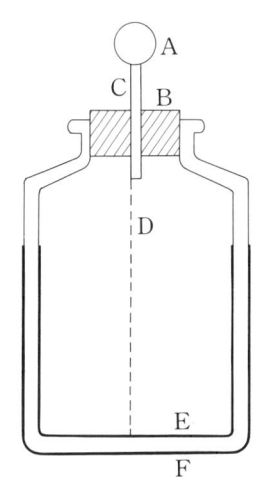

図1　ライデン瓶
Aは金属球，Bは絶縁体，Cは金属棒，Dは金属のくさり，EとFは金属箔である．

ミュッセンブロクの報告をもとにしてフランスの物理学者ノレー[2]はライデン瓶の実験をくりかえして確かめた後，国王の前で公開実験をした．180人の兵士を環にならばせ手をつながせておいて，ライデン瓶の放電で一同を飛び上がらせた．後には900人の僧を使って同じような実験をして人を驚かせた．このようなことからライデン瓶の放電実験は有名になり，ヨーロッパでは見世物

---

[1] P. Musschenbroek (1692～1761)
[2] J. A. Nollet (1700～1770)

にもなった．

有名なフランクリン[1]もライデン瓶に興味をもった一人である．ライデン瓶の内外の電気は符号のちがったものが等量にあることに気がついたが，ライデン瓶からの放電で殺した七面鳥を電気火花で点火したアルコール焔であぶる……というようなあそびも友人と楽しんでいる．

金箔検電器は，18世紀の終わり頃にはできていたようである．英国のベネト[2]の報告がある．短ざく形に切り抜いた金箔を二つ折りにした金属棒の先につるし，フラスコの中におさめた簡単な装置である．フラスコの外に出ている金属棒に帯電体をふれると2枚の金箔は左右にひらく．その大きさによって帯電の強さを知ることができる（図2）．

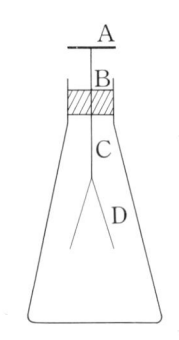

図2　金箔検電器
Aは金属円板，Bは絶縁体，Cは金属棒，Dは金箔である．

検電器はその後しだいに改良されて，今でも静電気の研究には使われている．感応起電機はウィムシャースト[3]型のものがよく見られた．これは2枚のガラス円盤が接近して向きあい同軸で反対の方向に回転できるようになっていた．円盤の外面には短ざく形にしたスズ箔片を少しずつ離して扇形にはりつけてある．これをハンドルで回転させるとスズ箔が帯電するが，それは金属線の

---

[1]　Benjamin Franklin（1706〜1790）
[2]　R. A. Bennet（1750〜1799）
[3]　J. Wimshurst（1832〜1903）

ブラシで集電できるようになっている．火花放電も見られたから，かなり高圧の電気も起きたようである．

　私が小学生の頃，父は近くの高等小学校の教師をしていた．1919(大正8)年の春ではなかったかと思うが，その小学校の学芸会に父の指導で無線電信のデモンストレーション実験がおこなわれた．

　発信器と受信器は数mはなれておかれ，どちらにも1mばかりのアンテナがついていた．発信器には多分ルームコルフ[1]の感応コイル（図3）が使われていたのであろうが，火花放電が見えると受信器のベルがなった．受信器にはコヒーラー検波器が使われていたのであろう．

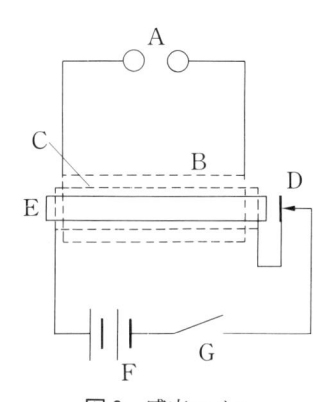

図3　感応コイル

　Aは火花間隔，Bは2次線，Cは1次線，Eは鉄芯，Dは断続器，Fは電池，Gはスイッチである．
　Gのスイッチを入れると1次線に電流が通じて鉄心が磁化され，Dの断続器がはたらく．その結果2次線に高圧電流が発生してAに火花放電がおきる．

　ルームコルフはパリの技術者で，19世紀の中頃から感応コイルの製作を始めた．彼の製品はたいへん優秀であったので，感応コイルの発明者とまちがえ

---

[1]　H. D. Ruhmkorff（1803〜1877）

られることが多かったが，多くの学者や技術者の努力の積み重ねで次第に立派になったものである．電池を電源にして火花放電をおこさせるのに便利であった．

コヒーラーはブランリー[1]が1890(明治23)年に発明した検波器である．金属の粉をガラス管につめた状態では不良導体であるが，それに電磁波があたると良導体になる性質を利用したものである．

ヘルツが電磁波を発見すると検波器の研究が盛んになった．その一つに磁気検波器がある．これは細い鉄線をたばねたものに導線を巻きつけたもので，導線に電磁波による高周波電流が流れると鉄線が磁化されるのを利用したものである．

これを発明したのは後に原子物理学の大家になったラザフォード[2]で，彼がまだ郷里ニュージーランドにいた頃の研究であった．

磁気検波器は鋭敏ではあったが実用にはならなかったらしい．

ヘルツ[3]が電磁波を発見したのは1888(明治21)年であるが，1892(明治25)年には日本でも京大で電磁波の研究が始まっている．電磁波を使って無線通信を可能にしたのはマルコニ[4]で，1894(明治27)年のことであった．

マルコニの成功はコヒーラーの使用とアンテナの利用にあった．1895(明治28)年の通信距離は1.6 kmにすぎなかったが，1900(明治33)年には320 kmまで通信可能になり，1901(明治34)年の12月には大西洋横断の通信に成功した．日本でも，1896(明治29)年には電気試験所で無線通信の研究を始めた．それを知った海軍では1900(明治33)年に無線電信調査委員会をつくった．その年，英国海軍は初めて無線電信器を軍艦にすえつけた．

無線電信調査委員会には電気試験所の技師，松代松之助氏と仙台の旧制第二高等学校の教授であった木村駿吉氏[5]が研究員として無線通信器の開発研究に

---

[1] E. Branly (1844〜1940)
[2] E. Rutherford (1871〜1937)
[3] H. Hertz (1857〜1894)
[4] G. Marconi (1874〜1937)
[5] 木村駿吉 (1866〜1938)

あたることになった．目標は3年以内に通信可能な距離およそ100 kmの装置をつくることにあった．

木村氏は最初に太平洋を横断した軍艦咸臨丸の司令官をつとめた木村喜毅の三男で，東大の物理学科を1888(明治21)年に卒業している．

海軍の無線電信器は予定した3年以内にできあがったらしく，1901(明治34)年には欧米視察に出張し，英国を除き米，独，仏では実用化に成功していないことを確かめてきた．

1905(明治38)年5月27日の日本海海戦は日本海軍の完勝であったが，午前5時30分，旗艦三笠が受信した"敵艦見ゆ"との無線通信から始まった．これは南方海上で見張っていた仮装巡洋艦信濃丸からの報告である．ひきつづき同方面にいた軍艦和泉がロシア艦隊の隊列，進行方向，速力などを送信してきたので，日本艦隊は充分の手筈をととのえて対馬付近で待ちうけることができた．

英国にあったマルコニ社は日露開戦前に両国の海軍に無線電信器を売りつけていた．しかしロシア海軍はうまく使いこなすことができなかったらしい．

日本海軍は前に述べたように独自の装置を開発していたが，今から考えると不充分な性能しかもっていなかった．

九州の五島沖にいた信濃丸から韓国の釜山(プサン)の近くにいた東郷大将の旗艦三笠とは直接の交信はできず，中継ぎが必要であった．

木村駿吉氏は東大卒業後アメリカに留学してハーバード，エールなどの大学に学んだ．"科学之原理"，"物理学現今之進歩"，"電気学術之進歩"などの著書がある．

第一次大戦の影響で理工学の必要性を大いに感じた日本では，1917(大正6)年に財団法人理化学研究所ができた．1918(大正7)年には商工省に工業試験所，東大工学部に航空研究所がつくられた．少年むきの雑誌"理化少年"が発行されたのもその頃である．

"理化少年"は1922(大正11)年あたりまで発行されていた．化学者江見節男氏が編集者の一人であったと思う．

電気とか機械工学の初歩の解説があった．小学生には少し難解と思われたが

旧制中学の低学年には適当な程度であった．

その頃，父が愛読していた雑誌に"理学界"と"物理学校雑誌"があった．当時，小学生であった私にそれが理解されることはない．後年，保存されていたそれらの雑誌を読んでの感想であるが，"理学界"は最新の科学知識の解説記事が多くのっていた．

筆者はその頃，旧帝大の助教授の人達であった．物理学校は今日の東京理科大学の前身である．長岡半太郎先生のヨーロッパ旅行記などがのっていた．

第一次大戦が始まって以来，理工学の重要性があらためて見なおされた故か，"理学界"には理科教育に関する記事が多くのせられていた．

旧制中学—1921 年

1921(大正10)年，私は旧制中学に入学した．この年アインシュタイン[1]が光電効果の研究でノーベル賞をもらった．光電効果は1887(明治20)年に電磁波の研究者として有名なヘルツによって発見された．火花放電がおきるような状態にした負の電極に紫外線をあてると放電がおきやすいことに気がついた．

　その後ホールワックス[2]が，金属に光をあてると負の電気を放出するのを認めた．またレナード[3]は，特殊な物質に紫外線あるいはX線をあてると電子が飛び出すことを発見した．

　出てくる電子の速さを測ると，あてる光の強さには無関係で，波長が短くなるほど電子の速さが大きくなるのがわかった．しかし光の電磁波説によると，この現象の説明は不可能であった．

　アインシュタインはプランク[4]の考えをとり入れて光量子説をみちびき出した．それによる光は波動性をもっているが，その振動数にプランクの定数をかけあわせた大きさのエネルギー粒子，すなわち光量子であると考える．

　光が物質中の電子にあたると，光量子のエネルギーは電子の運動エネルギーになり電子が外に放出されるのが光電効果である．

　1922(大正11)年にはアインシュタインが日本にきた．11月17日神戸着．京都に一泊して翌日の午後，東京についた．東京駅にはたくさんの人が集まって万歳をとなえた．

　11月19日には慶応大学の講堂で相対性理論の講演があった．通訳は東北大学の教授石原純氏であった．11月24日には神田の青年会館で講演があり，入場ができないほどに人が集まった．25日から12月1日までは専門家のために東大で相対性理論の講演があった．

　12月3日には仙台で一般講演があり，公会堂は超満員になった．その後，名古屋，京都，大阪，神戸，福岡と講演があり，29日には門司から帰国の途

---

[1]　A. Einstein (1879〜1955)
[2]　W. Hallwachs (1859〜1922)
[3]　P. Lenard (1862〜1947)
[4]　M. Planck (1858〜1947)

についたが，大変なさわぎであった．

　石原純氏の解説で相対性理論の小冊子が出版されたので早速買って読んでみたが，中学2年生の私の学力ではほとんど理解できず，ただ光の速さより大きな速さはない……というのだけが頭に残っている．しかし合点(がてん)はいかなかった．この本は朝永先生も読まれたらしかった．

　その頃"子供の聞きたがる話"という科学解説書が現れた．旧制中学低学年には，まことに適当な程度の本であった．著者は原田三夫氏である．原田さんは東大の植物学科出身で日本の科学ジャーナリズムのパイオニアといえよう．

　第1巻は"発明発見の巻"で，次は"動物植物の巻"，第3巻は"天文地文の巻"…と第10巻まで出版され，私は第1,3巻と"電気磁気の巻"を買って愛読した．つづいて"山の科学"，"海の科学"，"星の科学"が出版された．それらの読書の影響で天文や電気が面白くなってきた．

　その後，凸レンズ2枚を使った紙製の望遠鏡をつくった．色収差はかなりあったが，ガリレオが最初につくった望遠鏡ぐらいの能力はあったらしく，木星の4個の月や月面の模様はよく見えたが，土星の環は見えなかった．

　土星の環を最初に見たのは1924(大正13)年で，京大の宇宙物理学教室をたずねた時であった．修学旅行で京都に行ったとき京大の10cm屈折望遠鏡で土星を見せてもらった．土星の環とともに第6衛星チタンが見えたので大いに感激した記憶がある．

　旧制中学の3年になると物理学の授業が始まった．先生は物理学校(東京理科大学の前身)の卒業生で，授業は熱心であったが，物理が面白くはならなかった．

　教科書は当時，東北大学の物理学教授であった愛知敬一氏の著書であった．教科書は面白くなかったが，同じ著者の"ファラデーの伝記"とか電子についての解説書には興味があった．

　生徒用の物理実験室はあったが，金属棒の直径の測定とか天秤を使っての簡単な測定とか，一，二回しか生徒実験はやらなかった．講義実験もほとんどなく，黒板を使っての授業ばかりであった．

旧制六高―*1926*年

1926(大正15)年に旧制高校の入試を受けた．試験科目に物理があった．その中に天秤に関する問題があった．左の皿に物体をのせて測定すると m グラムあり，右の皿にのせると m' グラムあった．その物体の質量はいくらか？というような内容であった．

その年から旧制六高の生徒となったが物理の授業は二年生から始まった．外国語などをのぞけば教科書はほとんどなかったので，ノートによる学習である．しかし参考書は指示があった．物理の参考書は

Watson : A Text-Book of Practical Physics

で，著者はロンドンの王立理科大学の助教授であった．初版は19世紀末に出たらしいが，私がもっているのは1911(明治44)年に出た第5版である．日本でも大正時代によく利用されたらしい．数式をあまり使わず文章による説明が多い．

私が学んだ旧制高校では，第二学年になって微分をならい第三学年で初めて積分が出てくる数学教育の体系であったから，ワトソンの著書ぐらいが参考書

図4　旧制高校の物理実験

図5　旧制高校の物理教室

として適当であったのだろう．

　生徒実験は第三学年であり，程度は今の大学初年級よりは少し低かったようで，毎週1回おこなわれた．

　指導書は自家製であったが，今から考えるとなかなかよくできていた．あらかじめ実験机の上におかれている簡単な測定器具を指導書のとおりならべて，指導書にしたがって実験をすすめていくと，自然に結果が出るようになっていた．実験の基礎になる原理とか理論については指導書には何も書かれていなかった．

　化学の生徒実験もその程度で製図についやされた時間の方が多かった．外国語の授業時間数がとびぬけて多かった．

　1925（大正14）年には東京に放送局ができてラジオの放送が始まった．世界で最初の放送局ができたのは米国のピッツバーグで，有名なウェスチングハウス社が1920（大正9）年につくった．受話器は鉱石検波器を使ったものがまず普

及した．鉱石検波器の研究は日本では京大の物理教室で今世紀の初めから始まっていた．これはコヒーラーに代わるものとして無線電信に使うのが目的であった．

　鉱石検波器の次には真空管が使われるようになった．最初の真空管はフレミング[1]が1904(明治37)年につくった二極真空管である．無線電信に使われたが性能は鉱石とほとんど変わらなかった．

　三極真空管はド・フォレー[2]が1906(明治39)年につくった．最初は無線電信用の検波器であった．1911(明治44)年頃からは増幅にも使用されるようになった．1918(大正7)年に第一次大戦が終わると素人無線が爆発物に盛んになった．

　フレミングは英国の電気工学者で，初めは電気会社の技師をしていたが，後にはロンドン大学の電気工学の教授となった．電磁気学で右手，左手のフレミングの法則は有名である．また，マルコニ無線会社の顧問として大いに活躍した．

　テレビの八木アンテナの発明者，八木秀次先生はフレミングの弟子である．

　ド・フォレーは米国人でエール大学を卒業し，1900(明治33)年頃から無線電信の研究を始めた．一時は会社をつくってみたが失敗したので後は個人的な研究者として活躍することになる．

　フレミングもそうであったが，ド・フォレーも1882(明治15)年に発見されたエジソン[3]効果に興味をもった．これは白熱電球の中に正の電極を入れて点灯すると弱いながら電流が流れるという現象である．負の電極の場合は電流は流れない．熱せられたフィラメントから電子が出るためで，整流作用が現れる．それを利用したのが二極真空管であり三極真空管であった．

　三極真空管の増幅作用が最初に利用されたのは有線の長距離電話であったが，後にはラジオにひろく利用されるようになったのはご承知のとおりであ

---

[1]　J. A. Fleming （1849〜1945）

[2]　L. De Forest （1873〜1961）

[3]　T. A. Edison （1847〜1931）

る.

　前にも述べたように，私は中学初年級の頃から天文が面白くなった．これは晴れた空と星図があれば誰でも楽しめる自然科学の分野である．その頃から日本でも素人天文学がそろそろ盛んになってきた．

　1920(大正9)年頃だったと思うが，天文同好会（東亜天文学会の前身）という会があった．これは当時，京大の理学部の助教授であった山本一清[1]氏が始められたもので，雑誌"天界"が毎月発行されていた．素人むきの記事が多く，当時中学生の私にもよく理解できて天文学に興味がもてた．

　天文学会からは"天文月報"が出ていたが，これは程度が少し高く中学生には難解であった．

　山本一清氏には天文入門書の著述が多かったが，一戸直蔵[2]氏の著書は少し高級であった．一戸氏は東大，天文学科の卒業後，米国のヤーキス天文台で2年ばかり研究して帰国後は東京天文台につとめる．日本の科学ジャーナリズムのパイオニアの一人であるが，若くしてなくなった．

　1910(明治43)年代から天文学には物理学の影響が強くなり，天体力学，位置天文学を中心にした古典的な天文学から次第に天体物理学に移行してきた．これは天体のスペクトルの研究が盛んになってきたからである．

　スペクトルによって星を最初に分類したのはセッキ[3]で，1867(慶応3)年であった．その後ハーバード大学の天文台がこの問題に取り組み，1910(明治43)年頃には基礎ができあがった．

　ハーバードの分類によるとスペクトルによって恒星をO，B，A，F，G，K，Mの型に分ける．これは恒星をその温度によって分類することになる．1905(明治35)年にはヘルツスプルング[4]が恒星の絶対光度とスペクトル型には一定の関係があるのに気がついた．

　距離のよくわかっている恒星を32.6光年においたときの明るさが絶対光度

---

[1] 山本一清（1889〜1959）　　[2] 一戸直蔵（1877〜1920）
[3] A. Secchi（1818〜1878）
[4] E. Hertzsprung（1873〜1967）

である．

　ほとんど同時にラッセル[1]もヘルツスプルングと同じ結論に達したので，二人の頭文字をとり，絶対光度とスペクトル型による恒星の分布を示した図をH-R図と呼ぶことになった．縦軸に絶対光度をとり，横軸にスペクトル型を示すようになっている．

　ラッセルはH-R図をもとにして次のように考えた．若い恒星は温度の低い大きなガス球である．それが自分の重力で次第に小さくなり温度も上がってくる．そしてB型になると，後は次第に小さくなり温度も下がると考える．この説が発表されたのは1913(大正2)年で，多くの学者達も賛成であった．

　恒星のスペクトル型がわかればH-R図を参考にして絶対等級がわかる．

　実視等級が知られており，絶対等級が明らかになれば恒星までの距離を計算することができる．このようなことが明らかになったのは1916(大正5)年で，アダムス[2]の研究による．

　1924(大正13)年には，エディントン[3]が理論物理学的な研究で恒星の内部構造を明らかにした．そして恒星の質量と絶対等級の間には一定の関係があるのが知られた

　1925(大正14)年には有名な白色矮星の発見があった．シリウスの固有運動を研究していたベッセル[4]は，その蛇行運動からシリウスには伴星があるだろうと考えた．それが1862(文久2)年にはクラーク[5]によって実際に発見された．彼は有名な望遠鏡製作者であったが，自作の望遠鏡のテストをしているとき偶然に見つけたのであった．その後，アダムスのスペクトルの観測とエディントンの相対論的な研究で，質量は太陽とほとんどかわらないが半径は太陽のおよそ1/100程度で，高温であり，密度が1ccあたり400 kgもある異常な恒星であるのが明らかになった．これが白色矮星である．

　このような状勢をうけて京大では1909(明治42)年に物理学科の中に宇宙物

---

[1] H. N. Russel (1877〜1957)　　[2] W. Adams (1876〜1956)
[3] A. Eddington (1882〜1944)
[4] F. Bessel (1784〜1846)　　[5] A. G. Clark (1832〜1897)

理学講座ができ，1921(大正10)年には宇宙物理学科ができた．旧制六高の物理学教授，宮原節先生はその頃京大の学生であったので，天体物理学が得意であった．

宮原先生の授業はうけられなかったが，自宅におしかけて天体物理の話をよく聞かされているうちに次第に面白くなり，当時出版された英文の書物を買い辞書と首っぴきで読んでみた．それは

F. J. M. Stratton : Astronomical Physics

である．今でも手もとに持っているが，歴史的概観から入り分光学の説明があってから天体の記述に入るという順序になっていて，なかなかよくできている書物だと思っている．

その頃，旧制高校の図書館でよく読んだ書物に

石原　純著　物理学の基礎的諸問題

がある．これは岩波書店から出ていた．その中で盛んに論じられたのは長岡半太郎[2]先生の水銀還金の実験であった．この実験は長岡先生の水銀スペクトル線の超微細構造の研究がもとになっている．

この研究は1908(明治41)年から始まっている．普通の分光器でみると1本の線にしか見えないスペクトル線が，干渉計を使って調べると数本の線にわかれて見える．これがスペクトル線の超微細構造である．

たとえば，水銀のスペクトル線 4358 Å[1] は15本のスペクトル線からできている．これは水銀にある6種類の同位体によるものであろうと長岡先生は考えられた．1923(大正2)年の頃である．

水銀には質量数が198，199，200，201，202，204の同位体がある．質量数の差は原子核の質量の差に相当する．スペクトル線の波長は原子核の質量の影響を受けるから同位体があれば波長のズレが現れる．また原子核がもつ磁性の影響でも波長のズレはおきるのであるが，長岡先生が研究をしておられた頃は明らかになっていなかった．

---

[1]　Å：オングストローム＝10^{-8} cm

[2]　長岡半太郎 (1865〜1950)

このような実験結果から長岡先生は，水銀の原子核は金の原子核と陽子の結合したものと考えられた．金の原子番号は79で水銀のは80であるからである．したがって水銀の原子核から陽子をとれば金の原子核になるはずである．すなわち水銀を金にかえることができる．

その頃，ドイツの化学者ミーテ[1]が水銀から金がとれたという報告を発表した．これは水銀灯の中の水銀中に金を発見したという内容であった．1924(大正13)年である．

そこで，理化学研究科の長岡研究室では水銀還金の実験が始められた．油の中に接近しておいた2電極（一方の電極は水銀）の間に高電圧放電をおこなわせるという方法である．長時間，放電をつづけた後に化学的な方法で調べてみると，少量ではあるが金らしきものが現れた．1924(大正13)年の9月であった．

これは直ちにジャーナリズムに大きくとりあげられ，宮中での御前講演までに発展した．ミーテの実験は多くの学者によって追試されたが否定的な結果しか得られなかった．

長岡先生の実験は1933(昭和8)年頃まではつづけられたようである．その間に金の検出法は次第に進歩して，水銀中には不純物として微量な金があるのではないかと思われるようになった．原子核の理論が進むにつれて水銀還金の実験は次第に影がうすくなって消えていった．

その頃，外国では1923(大正12)年にコンプトン[2]効果の発見があり，物質波の考えがド・ブロイ[3]によって発表された．

1925(大正14)年にはハイゼンベルク[4]の行列力学，1926(昭和元)年にはシュレディンガー[5]の波動力学が発表された．

コンプトンは米国のオハイオ州に生れ，プリンストン大学を卒業してミネソタ大学の物理講師をつとめた後，ウェスチングハウス社に入り電球部門の研究

---

[1] A. Miethe
[2] A. H. Compton（1892〜1962）
[3] L. V. de Broglie（1892〜1987）
[4] W. K. Heisenberg（1901〜1976）
[5] E. Schrödinger（1887〜1961）

員になった．しかし実用専門の研究がいやになり，英国のケンブリッジでラザフォードの指導でガンマ線に関する研究をした．

　1920年にワシントン大学に就職してからはX線の実験を始めて，一定の波長のX線を物質にあてると散乱するが，散乱したX線の波長はあたったX線の波長より大きくなる．この実験をくりかえした結果，コンプトンは次のような結論に達した．

　入射したX線は物質内の電子に衝突して，それに運動のエネルギーを与える．散乱したX線はその量だけエネルギーが少なくなっている．X線も光子であるとすると，エネルギーが小さくなれば振動数が少なくなり波長は大きくなる．

　光子はエネルギーのほかに運動量ももっているから，入射したX線の運動量は電子の運動量と散乱したX線の運動量にわかれる．このように考えて計算した結果と実験結果はみごとに一致したので，この研究はコンプトン効果とよばれるようになった．

　ド・ブロイ家はイタリア系のフランス貴族で，18世紀から有名であった．多くの将軍，外交官，大臣が出た名家である．兄のモーリスはX線研究の大家であった．

　第一次大戦ではフランス陸軍の無線隊にいたが，復員すると理論物理学の学習を始め，光の二重性について興味をもった．電磁波として波の性質をもつとともに光量子として粒子の性質をもつ．

　電子は粒子として考えられているが，波動性はないだろうか？　もし，もつとすれば波長は（プランクの量子定数）/（電子の運動量）になると考えた．1927(昭和2)年になるとアメリカのベル研究所の学者や日本の菊池正士氏らの実験で，電子のもつ波動性はみごとに実証された．物質波の発見である．

　ハイゼンベルクの父はミュンヘン大学の教授であった．同じ大学のゾンマーフェルト[1]の指導で流体力学の論文をだして学位をもらった．それからゲッチンゲン大学のマックス・ボルン[2]の助手をつとめた．その頃，行列を使った量

---

[1]　A. Sommerfeld（1868〜1951）　　[2]　Max Born（1882〜1970）

子力学をつくり上げた．

シュレディンガーはウィーンで生れた．父は化学，植物学などにも関心があった教養人である．ウィーン大学で学んだが物理教官には有名なボルツマン[1]の影響が強く残っていた．第一次大戦にはオーストリア兵として応召したが戦後はスイスのチューリッヒ大学におちついた．ここで，ド・ブロイの考えを基礎にして波動力学をつくり上げた．

私が学んだ旧制高校では前に述べたように物理の教科書は使わなかったが，当時よく読まれた物理の教科書に

　　　　　本多光太郎著　物理学通論（三三判，564頁）

があった．東北帝国大学で本多先生が教えられた一般物理学の講義がもとになっている書物であった．前期量子論から特殊相対論まで述べてあった．私の生涯のうちでたいへんお世話になった書物のうちの一冊である．

本多光太郎[2]先生は愛知県矢作町の出身である．1894(明治27)年，東大の理学部物理学科に入学した．当時の教官は山川健次郎[3]，田中館愛橘[4]の諸先生であった．

山川先生は白虎隊で有名な会津の出身である．1871(明治4)年にアメリカに留学，エール大学で土木工学を学んで，1875(明治8)年帰国して東大の前身，開成学校の教員になる．

1879(明治12)年からは理学部教授で，初等物理学の指導にあたった．学者というよりは大学教育の基礎がためにエネルギーをそそいだ．1901(明治34)年には東大総長，1911(明治44)年には九大総長，1914(大正3)年には京大総長というような経歴からも明らかであろう．

田中館先生は岩手県の出身である．東大，理学部入学は1878(明治11)年である．その年アメリカからメンデンホール[5]がきて物理学を教えることになっ

---

[1]　L. Boltzmann（1844〜1906）
[2]　本多光太郎（1870〜1954）　　[3]　山川健次郎（1854〜1931）
[4]　田中館愛橘（1856〜1952）
[5]　T. Mendenhall（1841〜1924）

た．

　メンデンホールはアメリカのオハイオ大学で教えていた．日本にきても学生を親切に指導していたらしい．学生は彼をメン公と呼んでいた．

　1879(明治12)年，田中館先生達と東京の重力加速度gを測定している．gの測定は時計と振子があればできるので，設備のおそらく貧弱であった当時の大学では適当な研究テーマであったろう．東京のgはCGS単位で979.84と測定された．現在は979.76となっている．

　1880(明治13)年には富士山頂でgを測定し978.86という値を得た．これをもとにして地球の平均密度を計算すると，CGS単位で5.77となった．今は5.52となっている．

　1881(明治14)年には夏休みに札幌に出かけてgの測定をした．この時はメンデンホールは帰国していたので，田中館先生達だけで測定して，gの値として980.510の値を得た．今は980.477となっている．

　1882(明治15)年には沖縄の重力測定となった．田中館先生は卒業されていたので，学生をつれての出張となった．途中，鹿児島の測定ではgが979.561となった．今の値は979.472である．那覇での測定ではgが979.165となったが，今は979.095となっている．

　1884(明治17)年には田中館先生の一行は小豆島まで出かけてgを測定し，979.472という値を得ている．

　これらのgの値をながめてみると，最初は5桁の数字であったが後には6桁になっている．これは測定の精度がよくなってきたしるしである．しかし当時の測定値は何故か後の測定値にくらべて少し大きくなっている．

　富士山頂では地磁気の測定もした．棒磁石を吊るして水平に振動させ，その周期を測れば地磁気の水平分力がわかる．測定方法はまことに簡単であるから，メンデンホールが学生に測定させたのであろう．

　地球の磁気を知るには，水平分力と偏角と伏角を測らなければならない．磁石は南北を示すが，真の南北から東あるいは西に少し偏った方向を示しているのが普通である．その偏りの大きさが偏角である．これは天測で決めた南北と磁石が示す南北の差になる．

磁石をその重心でささえると，磁石は水平にならずに傾いてとまる．その傾きの角が伏角であり，これも簡単に測定できる．

札幌での測定では水平分力が CGS 単位で 0.268 となっている．鹿児島では 0.316, 那覇では 0.338 という値が田中館先生達の測定結果である．また偏角が鹿児島では西へ 3° 18.5′, 那覇では西へ 2° 25.5′, 伏角は鹿児島で 44° 56′, 那覇で 38° 19′ となっている．しかし地磁気は年とともに少しずつ変わるものである．

メンデンホールの後をついで指導をしたのは，英国からきたユーイング[1]であった．彼は有名な物理学者ロード・ケルビン[2]の弟子である．日本にきたのは 1878(明治 11)年で，東大の工学部でも教えていた．

1881(明治 14)年頃からユーイングの指導で田中館先生達は磁気の研究をしていたが，その結果は有名な磁気ヒステリシスの発見となった．これは鉄などを磁化するときに現れる現象で，ドイツのワールブルク[3]が 1881 年に発見したことになっているが，日本での研究とほとんど同時に独立に発見されたものである．

1882(明治 15)年は田中館先生の東大卒業の年であるが，卒業式の日に白熱電灯をつけることになった．その頃の白熱電灯は炭素線のフィラメントの時代で，エジソンが 1879(明治 12)年に発明したばかりであったから白熱電灯はまだ珍しい時代である．

発電機もそれを動かす蒸気機械も海軍から借りてきて，ユーイングの指導でようやく点灯することができた．この実験はたいへん有名になり明治天皇の天覧ということになり，田中館先生は山川健次郎先生達と発電装置をもっての出張実験もあった．

ユーイングは 1883(明治 16)年に帰国した．これは母国の大学から教授に招かれたためである．ケンブリッジ大学の教授をつとめた後，エジンバラ大学の副学長もつとめた．一時は海軍の教育部長をつとめたこともある．

---

[1] J. A. Ewing (1855～1935) [2] Lord Kelvin (W. Thomson) (1824～1907)
[3] E. G. Wahrburg (1846～1931)

ユーイングの後任にはノット[1]がきた．エジンバラ大学の卒業生で磁気の研究が得意であった．1887(明治20)年には東大生であった長岡先生とともに磁気歪の研究をしている．鉄やニッケルなどを磁化すると形や体積が変化するのが磁気歪である．長岡先生の磁気歪に関する研究はたいへん有名であるが，最初はノットが指導したものである．

ノットは1891(明治24)年に帰国したが，東大には8年間つとめていた．後任には留学から帰国したばかりの田中館先生が教授になった．先生は1888(明治21)年から電磁気学の研究のためグラスゴー大学のロード・ケルビンのところへ留学していたのであった．

長岡先生は1893(明治26)年にドイツ留学に出発した．ベルリン大学ではヘルムホルツ[2]の講義をきき，ミュンヘン大学ではボルツマンの講義に出席した．特にボルツマンの講義はたいへん気にいったので，彼がウィーン大学に転任したときは長岡先生もウィーンに移転したほどであった．

長岡先生の帰国は1896(明治29)年であるから，本多先生は長岡先生の留学中に東大へ入学したことになる．1894(明治27)年であった．帰国後の長岡先生は本多先生とともに磁気歪の研究を始め，1900(明治33)年には鉄，ニッケルなどの磁気歪に関する研究報告が二人の共著で発表されている．これは本多先生にとっては磁気研究の最初の研究報告である．先生は大学院に入学後，東大の講師に就任したが，これは1901(明治34)年であった．その年の夏休みからセイシ[3]の研究が始まる．細長い箱に水を入れて一端を上下させると箱の中の水は振動を始める．このような現象がスイスのジュネーブ湖では昔から知られていて，セイシと呼ばれていた．

その研究をしていたスイスの学者から話を聞いて帰った長岡先生は，本多先生らと琵琶湖や芦ノ湖でセイシの研究を始めた．セイシは湖水ばかりではなく入江や湾でもおこり，地震のときにおきる津波とも関係があるらしいことが明

---

[1] C. Knott (1856〜1922)
[2] H. Helmholtz (1821〜1894)
[3] Seiches

らかになったので，国内の各地で1907(明治40)年頃まで研究がおこなわれた．本多先生が主役をつとめ，数人の学者が協力した．

磁気の研究も盛んにつづけられて，ニッケルと鉄の合金であるニッケル鋼の磁性に関する長岡，本多両先生の有名な研究がある．1903(明治36)年に発表されている．しかしセイシ現象の観測など，本多先生は地球物理学的な問題にも興味があった．

1906(明治39)年頃，熱海の間歇温泉の出がわるくなって大さわぎになったことがある．その時，温泉の研究もしていた本多先生がたのまれて原因をつきとめ，大いに感謝された．同じ頃，東北帝大が新設されることになった．

長岡先生の推薦で本多先生は東北帝大の教授になることになり，1907(明治40)年2月に留学の途についた．

ドイツのゲッチンゲン大学に行き，タンマン[1]教授について研究することになった．タンマンは初めは化学者であったが，金属や合金の研究に金相学という新分野を開いた学者である．

本多先生は得意の磁気測定によって金属や合金の研究を始め物理冶金学の基礎をゲッチンゲンで学びとった．タンマンのところを卒業した本多先生は，ベルリンのデュボア[2]の研究室へ移る．ここでは43の元素について磁性を調べた．特に常磁性体の磁気の温度変化に関する研究は有名である．

1911(明治44)年の2月に帰国すると，予定どおり東北帝大の物理学教授になった．その年の9月に最初の学生が入ってきたが，教授は本多先生のほか日下部四郎太[3]，愛知敬一[4]，石原純[5]の諸先生であった．

日下部先生は1900(明治33)年の東大卒，長岡先生の指導で鋼の磁性に関する研究もあるが，岩石の弾性についての実験的研究が有名である．これは地震波の伝わり方と関係がふかい．1907(明治40)年留学，1911(明治44)年から東北帝大の教授である．

---

[1] G. Tammann (1861〜1938)　　[2] Du Bois
[3] 日下部四郎太 (1875〜1924)　　[4] 愛知敬一 (1880〜1923)
[5] 石原　純 (1881〜1947)

愛知先生は1903(明治36)年に東大を卒業，しばらく京大の助教授であった．長岡先生の指導で気体の分子運動論とか虹に関する研究がある．数理物理学が得意であった．1908(明治41)年に留学，1911(明治44)年から東北帝大の教授であった．文筆が得意で大物理学者の伝記を逐次，著述する計画があったらしいが，"ファラデーの伝記"が出ただけで死去されたのは残念である．1923(大正12)年であった．

　石原先生は1906(明治39)年に東大を卒業，専門は理論物理学であった．アインシュタインが特殊相対論と光量子説を説き最初に発表したのは1905(明治38)年であったが，これをいち早く日本に紹介したのは石原先生であった．

　1912(大正元)年ドイツへ留学，ゾンマーフェルトの指導を受ける．量子論の基礎的問題についての石原先生の研究は有名である．1914(大正3)年帰国，東北帝大の教授になる．

　1922(大正11)年には前にも述べたようにアインシュタインが来朝した．このことについては石原先生が大いに努力されたようである．1924(大正13)年には大学教授を退職して，活動の舞台は岩波書店に移る．

　岩波書店から出た石原先生の"物理学の基礎的諸問題"については前にも述べたが，相対論とか量子論などについて，わからないながら私が最初に出会ったのはこの書物であった．

　長岡先生の水銀還金の研究についても石原先生の鋭い批評がある．それは1926(昭和元)年に出版された物理学の基礎的諸問題（第2輯）に述べられている．それによると水銀スペクトル線の超微細構造の測定から直ちに同位体の存在を論じ，つづいて水銀を金にかえる可能性をみちびき出すのは少し早急にすぎるのではないか……というような結論であった．

　1914(大正3)年に第一次世界大戦が始まった．その影響で薬品や工業原科の輸入などがたいへん困難になってきた．あわてた当局は，まず化学研究所の設立を計画した．しかし，化学だけでは不充分で，物理学も含む理化学研究所をつくることになり，1917(大正6)年には財団法人として実現することになった．

このような状況をふまえて，本多先生は臨時理化学研究所第二部をつくり鉄鋼，合金などの研究を推進しようとした．この計画は1916(大正5)年に実現した．それには有力な住友財閥の経済的援助があった．

　この研究施設は1919(大正8)年には鉄鋼研究所となり，1922(大正11)年には金属材料研究所として発展した．有名なKS磁石鋼が発明されたのは1916(大正5)年であった．

　これはコバルト，タングステン，クロム，炭素を含む特殊鋼で，当時は世界でも最優秀の磁石鋼であった．KSは住友吉左衛門の頭文字である．その後KS鋼はさらに改良されて，1933(昭和8)年には新KS鋼があらわれた．これは本多先生のほかに増本量，白川勇記両氏の協力があった．チタンを使ったところに特徴がある．

東北帝大物理学科—1929年

1929(昭和4)年に私は東北帝大の物理学科に入学した．この年にハイゼンベルクとディラックは日本にきて，東大と京大で量子力学の講義をして帰った．これは日本の若い人達にたいへんな刺激となった．二人を呼んできたのは理研の仁科芳雄[1]先生で，先生はその前年に欧州から帰ったばかりであった．

　この年，ド・ブロイが波動力学の研究でノーベル物理学賞をもらった．

　さて大学に入ってみると大久保準三先生の一般物理学の講義が始まった．先生は本多先生の弟子で磁気に関する研究もあったが，当時は分光学の研究が主体になっていた．講義はたいへん明快でよくわかった．旧制高校の物理学と大学の物理学の講義には大きな差があることを痛感した．

　もともと天文学が好きであったので，松隈健彦先生の一般天文学の講義にも大いに興味を感じた．松隈先生は天体力学の大家であった．実験の指導は三枝彦雄先生が責任者で3人の助手のかたのお世話になった．

　最初にとりついたテーマは重力加速度 g の測定である．可逆振子を使う簡単な方法であるから始めたものの，実験室に提示されてある値と一致しない．苦心さんたんしても有効数字が3桁しか出てこない．調べてみると g の測定法には絶対測定と比較測定があり，振子による絶対測定はたいへんに困難であることがわかった．

　世界の基準になっている g の値はドイツのポツダムで6年間にわたって振子を使った絶対測定値で981.274ガルで，その他の測定値はこれをもとにして比較測定でもとめられたものである．物理学一年生の測定で正しい g の値が得られるはずがないのは当然であった．

　三枝先生は東京六大学野球のファンであった．特に早稲田大学の応援に熱心であった．当時はもちろんプロ野球はなかった．そのうちに先生はポケット・マネーで野球用具一式を買われ，教室の若い人達と草野球を始められた．お相手をすると後で必ずといってよいほどビヤ・パーティーが開かれた．

　この席でよく昔ばなしを先生からうかがうことができた．たとえば，アインシュタインが日本に招かれた当時は東北の名地から相対性理論の講演の依頼が

---

[1] 仁科芳雄（1890〜1951）

あり，出かけるとどの会場も超満員であったとか．石原先生が大学を去られた原因の恋愛事件の真相などを語られたこともあった．

量子力学や波動力学が生れて間もない時期であったので，物理教室内はそのような話題でうずまいていた．そのような空気の影響で新入学生も"何はともあれ量子論だ"ということになった．少しばかりその方面の知識をもった年長の同級生がおり，まず熱力学を学習したらよいだろうという同君の意見で，プランクの熱力学の教科書を数人で読み始めた．目的の量子論の学習という所までは到達しなかったが，この学習はやはり後には役に立った．

入学後，最初の物理実験の時間には機械工作室につれていかれた．ここで初めてハンダ付けと旋盤の使用法をおそわった．実験に必要な装置はできるだけ自分でつくれという教育の第一歩であった．ガラス細工についても同様な教育を受けた．ハンド・バーナーの使用法も先輩から親切な指導を受けた．図書館の利用法についても同様であった．

そのような教育法は一学年15人ほどの学生数であったから可能で，100人をこえる学生をもつ現在の私立大学ではたいへん困難なことであろう．

私の入学当時，本多先生は三年生に磁性体論を講義しておられた．有名な本多先生がどんな教育をされるかと思って三年生にまじって聴講してみた．当時のノートが手もとにあるので開いてみると，まず磁場とか磁気能率などについて一般的な説明があり，次には強磁性体の磁化に移る．これについては実験的な話がつづく．

磁気と歪力については先生の東大時代の研究テーマであったから詳細な説明があった．次は磁気と温度の関係で鉄，ニッケル，コバルトなどのキュリー点の説明があり，磁歪と温度の関係も述べられている．

一般に強磁性体の温度を上げていくと，ある温度で常磁性体になる．この温度がキュリー点（あるいは温度）で，発見したのはピエール・キュリー[1]である．有名なキュリー夫人のご主人で圧電気現象の発見者である．これはピエゾ現象ともよばれ，特別の結晶に圧力をかけると帯電状態になる．また逆に電場

---

[1] P. Curie（1859～1906）

におくと結晶に変形がおきる．水晶時計はこの現象を利用したものである．

金属の相の変化と磁性の関係は本多先生の得意のテーマであった．鉄についていえば910℃と1400℃に変態点がある．キュリー点は790℃で，磁気測定をしておればこれらの温度で明らかに変化がみとめられる．鉄と炭素の合金である鋼についても説明があった．

先生の講義は自著"磁気と物質"を手にしながらであったが，研究についての自慢ばなしはたびたび聞かされた．

本多先生はお酒が好きであった．教官の宴会などでは"若いときには夜12時まで実験をして酒を飲んで寝たわなあ"というような話があり，"ウイスキーもうまいわなあ"となるのでウイスキーをさしあげると，"炭酸水とまぜるとよいわなあ"とだんだんエスカレートしていった．ウイスキー・ソーダというものがあるのを田舎ものの大学生は初めて教えられた．

本多先生は1931(昭和6)年から東北帝大の総長（学長）になられた．総長は大学の入学式とか卒業式のような儀式には教育勅語を読まなければならなかった．

当時は"勅語奉読"といわれていたが，本多先生の奉読には必ず1個所か2個所読みちがえがあった．

勅語の誤読はやかましくいわれた時代であったが，本多先生の場合は全く問題にされなかった．

大学卒業後，数年たった頃，あるくだけた席で本多先生に目にかかる機会があった．その時，先生に実験物理学者としての心得をうかがったことがあった．"それはガンバリと見とおしだわなあ"というお答えをいただいた．

ガンバリとはともかく，"見とおし"はたいへんなことだと後になってわかった．

その頃，東北帝大の各学部には学生集会所があった．少し大きな民家を借り受けたものであったが，昼夜ともに利用できる学生のクラブである．そこには世話好きの中年の女性（オバンチャンと呼んでいた）がつとめていて，浴場の世話とかコンパの準備などをしてもらった．教室の宴会は集会所でのスキヤキ・パーティーが多かった．

1930(昭和5)年は大学入学後，2年めになる．学生実験も少し高級になってきた．最初の実験はナトリウムの蒸気の光についての異常分散であった．

　低真空にした鉄パイプの中でナトリウムを熱して蒸気をつくり，白色光を使って吸収スペクトルを見ると，まず有名なD線が黒線になって現れる．蒸気の状態が適当になると暗黒なD線を中心にして異常分散をおこしたスペクトルが見える．それを乾板に撮影するのであるが，D線の波長ではパンクロの乾板でないと写らない．

　分光器には市販の乾板を適当な大きさに切断しないと使用することができない．まずダイヤモンドのついたガラス切りの使い方から覚えなければならない．写真暗室の中にはパンクロ用の照明がないので，暗黒のなかで乾板を切らなければならなかった．当時は国産のパンクロ乾板がないのでイルフォード製の乾板を使っていたから，乾板は貴重品であった．

　ナトリウム蒸気をつくる低真空の鉄パイプを排気するには水道水を利用した水流ポンプを使用しなければならなかった．回転式の真空ポンプもあったが学生実験用には数が足りなかった．

　水流ポンプと鉄パイプをゴム管でつないで排気を始めると，ゴム管はたちまち平らになり，ひも状になってしまった．そこで初めて真空用のゴム管があるのを教えられた．しかし真空用のゴム管は高価なのでガラス管を中継ぎに使うことを教えられた．

　このようなまことに初歩的な苦労を重ねているうちに，異常分散のスペクトルがようやく撮影できたので，大久保先生に見ていただくと"これはうまくできた"とおほめにあずかった．

　次はジャマン干渉計による気体の屈折率の測定であった．この干渉計は，フランスの物理学者ジャマン[1]が1856(安政3)年に考案したものである．1個の光源からきた光を二分して，平行においた2本のガラス管の中を通し再び1本の光線にすると光の干渉縞が見える．

　2本のガラス管の中には測定する気体を入れておき，1本のガラス管を排気

---

[1]　J. C. Jamin (1818〜1886)

すると圧力に応じて干渉縞の移動が現れる．移動した干渉縞の数を知ることによって気体の屈折率を測定することができる．

　光源には食塩を使ったナトリウム焔を使い水素の屈折率を測ると，真空に対して 1.00014 というよい値が出たので次のテーマに移ることになった．この時から高橋胖[1]先生の指導を受ける．先生は1915(大正4)年の東大卒業で，初めは理論物理学の研究をしておられたが私が指導を受けたころは分光学が専門であった．

図6　高橋　胖先生（1979(昭和54)年）

---

[1]　高橋　胖（1891〜1968）

ラーマン効果について"自分は早くから理論的に予測していたのだが先にラーマンが発見してしまった"と高橋先生は残念そうにたびたび語っておられた.

ドイツ留学中はパッシェン[1]の研究室におられた.パッシェンは実験物理学者で分光学の研究で有名である.1924(大正13)年から1933(昭和8)年までは国立物理工学研究所長で,高橋先生はそこでカドミウムのスペクトルを研究された.

高橋先生は旧制高校(一高)に在学中,文士の菊池寛,久米正雄,芥川龍之助らと友人であったらしく,実験室でよくその人達が話題になった.

私が高橋先生から最初に与えられたテーマは,水銀蒸気の可視部の吸収スペクトルを調べることであった.真空にした石英管のなかに水銀蒸気をつくり,炭素のアーク灯から出る光をあてて吸収スペクトルを撮影するのであった.

このとき初めて水銀の拡散ポンプを使って排気することを教えられた.ガイスラー管の放電状態を見て真空の状態を知るのであるが,電極付近に現れるファラデー暗部の大きさから見当をつけることができる.

真空の度が進むと管壁が緑色の蛍光を発するようになり,それも消失すると高真空である.この程度の真空をつくるのには装置の接続に全部ガラス管を使わなければならないので,ハンド・バーナーを使ったガラス細工が必要になる.そのような技術は先輩から教わることができた.

ともかく装置ができあがったので水銀蒸気の吸収スペクトルを調べたのであったが,可視部には何も認めることができなかった.

水銀の拡散ポンプはラングミュア[2]が発明したものである.ラングミュアはアメリカの物理化学者であるが,1909(明治42)年からは有名なゼネラル・エレクトリック社の研究所で活躍し,1932(昭和7)年にはノーベル化学賞をもらった.日本にもきたことがある.

水銀を熱して蒸気をつくり冷却した部分に噴出させると,液化するときに付

---

[1] H. F. Paschen (1865〜1947)
[2] I. Langmuir (1881〜1957)

近の気体分子に作用してそれを移動させる作用がおきる。この現象を利用して真空をつくることができるが、あらかじめ補助ポンプを使って低真空にしておく必要がある。水銀柱の高さで0.001mm程度の真空は容易につくることができる。

後には水銀の代わりに蒸気圧の低い油を使った拡散ポンプが盛んに使われるようになった。

1931(昭和6)年になると新しい分光器を組み立てることになった。スリットと2個のレンズ系、それから直視プリズムを用いるものであったが、可視部のスペクトルがおよそ20cmの長さに撮影することができた。

まずカドミウムの放電スペクトルを撮影し、ハルトマンの補間式を使って波長を測定する方法を覚えた。

高橋先生の量子論の講義も始まった。前期量子論から量子力学へ移る頃であったので講義はまことに難解であった。山田先生の指導でゾンマーフェルトの著書"原子構造とスペクトル線"[1]の第4版とランデの"量子論の新展開"[2]の第2版を読んだ。どちらも最初の方だけだったので少しは理解できた。

三枝先生の講義では、発表されて間もないディラックの相対論的電子方程式の紹介もあったが、"どこまで正しいかよくわからない"という感想もきかれた。

中村左衛門太郎先生の講義にも出席したが、主として気象学のテーマが多かった。松隈先生の講義は天体物理学に関するもので、エディントンとアダムスの白色矮星の研究に関する話はたいへんに興味ぶかいものであった。先生は天体力学の大家であったが当時はまだ助教授であった。天文学では先生が一人だけだったので、球面天文学から天体物理学まで全部の講義をひきうけておられた。

卒業研究は高橋先生の指導でカリウムの吸収スペクトルを調べることになった。カリウム線スペクトルに波長4641Åが現れるが、禁止線にもかかわらず強く出てくる。鉄管のなかにカリウム蒸気をつくり水素とかチッ素を入れてみ

---

[1] A. Sommerfeld, Atombau und Spektrallinien
[2] A. Landé, Die neuere Entovicklung der Quantentheorie

図7　1932(昭和7)年
　松隈先生（右より4人め），一柳さん（右より6人め，当時，助手），右端　筆者．

ると，この線が強くなるのでカリウム原子に及ぼす他気体の影響であろうという結論に達した．高橋先生の同意も得られたので，大学の"理科報告"に発表させてもらった．1932(昭和7)年である．

　1932(昭和7)年は，物理学上の大発見がひきつづいておきた有名な年である．中性子，重水素，陽電子の発見がそれである．

　キュリー夫人が発見したポロニウムから出る α 粒子をベリリウムにあてる実験をしていたのは，娘の I. キュリー[1]とジョリオ[2]の二人であったが，それ

---

[1]　I. Curie（1897〜1956）　　[2]　F. Joliot（1900〜1958）

から出てくる γ 線と思われる放射線をパラフィンにあてると陽子らしき粒子がとび出すのに気がついた．1932(昭和7)年の初めである．

それを聞いた英国のチャドウィック[1] が同じような実験をくりかえして，直ちに中性子であると判断した．彼は放射能研究の大家のラザフォードの実験室にいたからであろう．ラザフォードは早くから中性子に相当する粒子の存在を予想していた．

水素に同位水素があるのではないか？　ということは，1920(大正7)年頃から考えられていた．それが1932(昭和7)年にユーリー[2] によって発見された．彼はアメリカ生れの化学者である．

その頃はまだ原子核の構造が明らかになっておらず，原子核内には陽子と電子があるものだと考えていた．ユーリーは横軸に原子核内にあるものと思われる電子数をとり，縦軸に陽子数をとって原子核をならべてみた．これは1931(昭和6)年のことであったが，水素とヘリウムの原子核のあいだに間隙が発見された．

このようなこともあり，ユーリーは水素のスペクトル線を調べ何か新しい手がかりがあるのではないかと思った．水素のスペクトル線ではバルマー系列とよばれるスペクトル線がよく知られており，もし水素に同位元素があるとすれば，それによるバルマー系列が現れるはずである．

この二つのバルマー系列のスペクトル線のズレは計算ができるので，バルマーの α 線では1.8Å，β 線では1.3Å，γ 線では1.2Åという波長のズレが明らかになった．しかし分光器でみると想像されるスペクトル線はたいへんに微弱なので，直ちに水素の同位元素の存在と決めることはできなかった．

水素を液体にすると，水素とその同位元素（重水素）では蒸発の状態がちがうことが予想されるので，比較的大量の液体水素をつくり，それを静かに蒸発させて残留した水素のスペクトル線を調べてみると，明らかに重水素の存在をみとめることができた．ユーリーはこの発見で1934(昭和9)年度のノーベル化

---

[1]　J. Chadwick（1891〜1974）
[2]　H. C. Urey（1893〜1981）

学賞をもらった．

　陽電子は米国のアンダーソン[1]によって発見された．彼は有名な物理学者ミリカン[2]の弟子である．ミリカンは1921(大正10)年頃から宇宙線の研究を始めた．宇宙線は1911(明治44)年にヘス[3]によって発見されていたが，正体がよくわからなかった．

　アンダーソンは1930(昭和5)年頃から，ミリカンの指導で霧箱を使って宇宙線の研究を始めた．

　霧箱はウィルソン[4]が1912(大正元)年に発明したもので，帯電粒子が飛んだあとにできる水滴で粒子の通路を知る装置である．そのとき磁場を作用させると，正負いずれの電気を帯びているか？ とか，粒子の運動量をも知ることができる．

　アンダーソンはこのような装置で観測をつづけているうち，1932(昭和7)年8月に陽電子を発見することができた．これは先にディラックが理論的に予言していたことでもあったので，彼の理論をたしかめることにもなった．アンダーソンはこの発見で1936(昭和11)年にノーベル物理学賞をもらった．

　人工的に加速された粒子を使って原子核の破壊が最初におこなわれたのも1932(昭和7)年であった．英国のケンブリッジでコッククロフト[5]とウォルトン[6]がこの実験に成功した．

　整流管と蓄電器をたくみに使った装置で，直流で770 kVの高電圧をつくり陽子を加速してリチウムにあてたところ，リチウム原子核は2個のアルファ(α) 粒子に分裂した．

　この実験は東北帝大の物理教室でも，山田先生によっていち早く報告された．しかし，これを追試しようとする動きはおきなかった．これは中性子や重水素の発見についても全く同じであった．

　コッククロフトとウォルトンは1951年にノーベル物理学賞をもらった．

---

1) C. D. Anderson (1905〜1991)　　2) R. A. Millikan (1868〜1953)
3) V. F. Hess (1883〜1964)　　4) C. T. R. Wilson (1869〜1959)
5) J. D. Cockcroft (1897〜1967)　　6) E. T. S. Walton (1903〜1995)

私は 1932(昭和 7)年 3 月には大学を卒業したが，有名な映画"大学は出たけれど"がつくられた時代であったから就職口はなかった．物理学科卒業生 13 人中 4 人がそのまま大学に居すわるという有様であった．その前年 1931(昭和 6)年 9 月には満州事変が始まる．翌年 1 月には第一次上海事変がおきた．

　1930(昭和 5)年頃から失業者の増大，農民の困窮化などが進み，社会不安がひろがると同時に右翼の勢力が盛んになってきた．もちろん社会主義勢力も活動が活発になった．そのような影響は大学にも及んできたが理科系ではまだ著しくはなかった．

学士浪人—1932年

大学を卒業すると徴兵検査をうけなければならなかったが，その結果は補充兵役の輜重兵ということで兵営に入ることはまぬかれた．

　大学に残っていても身分はなにもなく，学士浪人で無給であるのは当然のことであった．しかし，毎日，研究室にでかけて分光器の組み立てをしたり，先輩が残していった研究結果のあと始末をしたりしていた．

　そのうちスペクトル線の超微細構造に興味を感じたので，それを調べてみようかと思いついた．それには干渉計が必要であるが，幸いにファブリ-ペロー型干渉計が使われないままに研究室のかたすみにあったので，それをもち出してきた．

　この干渉計はファブリ[1]とペロー[2]が1897(明30)年に考案したもので，2個の平面光学ガラスを少し離して平行においたものである．構造はたいへん簡単であるが完全に平行にしないと干渉縞が見えないので，調整が困難であった．

　水銀灯を光源にして苦労しているうちに，何とか干渉縞は見えるようになった．その頃スペクトル線の超微細構造に関する理論はだいぶん明らかになっていて，原子核がもつ磁気と同位体の質量差が原因と思われていた．しかし多くの原子核について観測は進んでいなかった．

　さてどの原子核について実験をしようかと私が象牙の塔のなかで考えているときに，国の内外では状勢がめざましく変化していた．5月には有名な5・15事件がおきて犬養首相が海軍将校の一団に射殺された．6月には悪名たかき特高警察が全国的に設置された．ドイツでは10月にナチスが第一党となった．

　そのような状勢にもかかわらず大阪では医学部と理学部をもつ帝国大学ができ上がった．1931(昭和6)年5月であった．医学部の前身は府立大阪医科大学でたいへん古い歴史をもっている．

　1869(明治2)年にできた大阪府医学校は3年ばかりで一時なくなったが，1880(明治13)年には府立大阪医学校として復活した．そして1915(大正4)年には府立大阪医科大学となった．

---

[1]　C. Fabry（1867～1945）
[2]　A. Pérot（1863～1925）

理学部の前身は塩見理化学研究所である．これは大阪医学校卒業生の塩見政次氏の寄付で，1916(大正5)年にできた．東京の理化学研究所を参考にしてつくられたものであり，数学，物理学，生化学の3部門があり，所長は府立大阪医科大学の学長であった．

　大阪帝国大学の初代総長は物理学の長岡半太郎先生で，1932(昭和7)年10月には，東北帝国大学から有機化学の真島利行先生が初代理学部長として行かれることになり，物理学科主任としては東北帝国大学の工学部から八木秀次先生が就任されることになった．そのようなことから，学内浪人をしていたこちらにも出番がおとずれ，仙台をひきあげ大阪に移る．1933(昭和8)年2月であった．

大阪帝大へ—1933年

新しくできた物理学教室で副手として勤務することになり，月給は65円であった．毎日入ってくる，実験器具や書物の受入れと整理が仕事である．

3月に入ると入学試験があり，4月から第一期生が入ってきた．理学部は数学，物理学，化学の3学科で43名の新入生があった．私は4月から助手に昇任し月給が75円になる．

理学部は校舎ができていなかったので，講義や実験には医学部の校舎の一部を借用し，職員は塩見理化学研究所に出勤していた．物理教室では八木先生と岡谷辰治先生が教授，友近晋，浅田常三郎両先生が助教授，岡小天，沢田昌雄両先生が講師，私と林龍雄君が助手という顔ぶれであったが，間もなく湯川秀樹先生も講師として就任された．

八木秀次[1]先生は大阪生れで，東大の電気工学科を1909(明治42)年に卒業された．当時の電気工学はいわゆる強電の時代で，先生はよく"僕の専門は発電，送電であとの仕事は趣味だよ"と冗談半分にいわれていた．大学卒業後は陸軍に入隊の経験があり，通信兵であったらしくモールス信号をよく覚えておられた．

1914(大正3)年にドイツに留学された先生は，ドレスデン工大のバルクハウゼン[2]のところへ行かれたが，第一次大戦が始まったので英国へわたり，ロンドン大学の電気工学教授フレミングの研究室におちつかれた．

フレミングはケンブリッジ大学を卒業してロンドンにできたエジソンの会社につとめた後，ロンドン大学の教授となった．その後マルコニの無線会社に入り，無線電信の技術界で活躍することになる．

前にも述べたが，電球のなかにフィラメントと別に電極を入れて点灯するとフィラメントとその電極の間に電流が流れることがエジソンによって発見され，エジソン効果と呼ばれているが，フレミングは1890(明治23)年頃からその研究を始めた．

彼はフィラメントを中にして金属の円筒をおきフレミング管と呼ばれる二極管をつくり，電波の整流や検波に使用することを考えついた．これは1904年

---

[1] 八木秀次 (1886〜1976)

[2] H. Barkhausen (1881〜1956)

で，特許にはなったが検波作用は鉱石の結晶を使ったものとほとんど変わらなかった．

八木先生はフレミングの研究室での思い出ばなしをよくされていたから，後年の先生が活躍された分野を思うとフレミングの影響を強く受けられたものと思う．

テレビによく使われている八木アンテナは八木研究室で生れたものである．その原理は電波の研究中に偶然に発見されたものであるが，実用的なアンテナになったのは宇田新太郎氏の努力が大きく作用している．宇田氏は高等師範学校を卒業し，しばらく教師をしてから東北大学に入学し，八木先生の指導を受けて研究生活に入った．アンテナの研究に初めて手をつけたのは1925(大正14)年であった．このアンテナはその翌年に特許になった．

第二次大戦中，日本軍がシンガポールに入ってみるとレーダーに使われているアンテナはこのアンテナであり，八木アンテナは普通名詞になっていた．その後，1952(昭和27)年には八木先生を社長とする"八木アンテナ"会社ができた．しかし学会では"八木-宇田アンテナ"と呼ばれるようになってきた．

岡谷先生は1916(大正5)年，東大卒の理論物理学者である．1919(大正8)年から塩見理化学研究所につとめ，3年ばかりベルギーに留学し相対性理論が専門であった．名古屋で有名な岡谷一族の出で，長岡先生の女婿である．

浅田先生は1924(大正13)年の東大卒で，長岡先生の高弟である．卒業後はしばらく理研の長岡研究室で研究し，1926(大正15)年から約3年ベルリンのカイザー・ウィルヘルム研究所に留学，実験物理学が専門であった．帰国後は塩見理化学研究所に就職された．

友近先生は1926(大正15)年の東大卒で，専門は流体力学である．日本の航空力学の開拓者であった有名な寺沢寛一先生の高弟であった．

沢田先生は1927(昭和2)年の京大卒で，専門はX線分光学であった．

阪大の教育活動は1933(昭和8)年の4月から始まる．物理学科新入学生にたいする八木教室主任の挨拶は次のようであった．"大学は動物園によく似ているところである．一般社会では生存できないような珍しい動物を集めてある．しかし一団として外からながめると高い価値をもっている……"どうも助手に

図 8　浅田先生（1933(昭和 8)年）

なったばかりの私にはよく意味がわからなかったが，ながらく大学につとめてみると全くその通りだと思えるようになった．

　奥田助手のつとめは林助手とともに新入生諸君の学生実験のお相手である．浅田先生も沢田先生もときどきは学生実験室に顔を出されるが，助手は学生の実験中は眼をはなすことはできなかった．何がおきるかわからないからである．小さな負傷や火傷はつねにおきていた．

　旧制高校では簡単な物理実験があったので，新入生に物理実験のイロハから教える必要はなかった．参考書には前述の Watson: A Text-Book of Practical

Physics とか，Worsnop & Flint : Advanced Practical Physics for Students などを使った．

　浅田先生は理研時代からのつづきであった水銀の発光に興味があり，いろいろな型の水銀灯をつくっておられた．これは排気した石英管のなかに水銀を入れ，それを両極にしたアーク灯である．

　水銀灯を光源にした線スペクトルをたくさん撮影してあるため，その整理をすることになった．まず波長を測定してスペクトルのハンドブックに出ていた水銀のスペクトル線の表と比較してみたが，特別に新しいスペクトル線が現れているのではなかった．しかしスペクトル線の系列として整理されている波長のスペクトル線は少数であった．

　波長を波数になおして系列を見つけようとしたが成功しなかった．そのうちに線スペクトルの系列を見つける研究は，どこでもあまりおこなわれなくなった．その頃，日本では新しいテーマとして重水に関する研究が各地でとりあげられていた．

　重水素 D_2 が発見されてまもなく，重水 D_2O は天然水を電解することによって濃縮できるのが明らかになったので，日本でも1932(昭和7)年頃より，着手された．翌年には理化学研究所で少量ではあるが，100%に近い重水が得られるようになった．

　そのうち電解工業の盛んなノルウェーから安価な重水が供給されるようになったので，日本で重水を分離する研究はおこなわれなくなった．

阪大の湯川先生―1933年

阪大理学部の建物が完成したのは1934(昭和9)年3月で，前からあった医学部の裏にできあがった．物理教室のスタッフも一応できあがった．理論系は教授に岡谷，友近の両先生，講師に岡小天，湯川秀樹，助手に伏見康治の皆さんであった．実験系は八木，浅田の両教授に新しく菊池正士先生が加わり，助教授には沢田先生のほかに山口太三郎先生が新しく着任，講師は中川重雄さん，助手は青木寛夫，渡瀬譲，林龍雄の皆さんと筆者であった．

図9　1934年，阪大理学部玄関
前列：右より浅田先生，筆者，林龍雄，渡瀬譲．
後列：左端　沢田昌雄．

菊池先生の実験室は特別に大きく，新しくコッククロフト-ウォルトン型の高電圧装置が組み立てられて原子核の研究が始まった．スタッフは菊池，中川，青木（のちに熊谷）の3人であった．

　山口さんは電子回折の実験，渡瀬さんは宇宙波の観測を始めた．八木先生の研究室は電波関係，浅田先生の研究室はスペクトルの実験というような形で阪大物理教室はすべり出した．

　新設の理学部の地階には大きな工作室があり，立派なレーベ製の精密旋盤がすえつけられていた．これは長岡先生が買われたものであった．長岡先生は1931(昭和6)年に外遊されたが，8月にブラッセルで開かれる国際電波会議に出席されるためであった．そのときドイツによられてライプチヒの有名な見本市でレーベの旋盤を見られて理研用とともに，阪大むけにもと商談をまとめられたらしい．

　長岡先生は理化学研究所ができた1917(大正6)年以来，所長の大河内正敏先生とともに工作室の整備にたいへん熱心であったので，すぐれた理化学器械が理研から発売されるようになった．

　さてコッククロフト-ウォルトンの装置であるが，これは人間が加速した粒子を使って原子核を破壊した最初の装置である．天然の高速粒子であるアルファ粒子を使った原子核破壊は1919(大正8)年で，ラザフォードが初めて成功した．

　チッ素の原子核にアルファ粒子があたると原子核がこわれて陽子が出てくるという実験であった．アルファ粒子のような高速粒子を人工でつくるには帯電粒子を高電圧で加速すればよいのであるが，どのくらいの高電圧を使ったらよいか，その高電圧はいかにしたら得られるかは当時は明らかになっていなかった．

　1920(大正9)年代で高電圧をつくるにはテスラの変圧器がよく使われた．これはアメリカの電気技師テスラが1891(明治24)年に発明した．一次回線に火花放電で得た高周波電流を流すと二次回線に高圧の高周波電流が流れるという変圧器で数十万ボルトの電圧が得られた．

　このような高電圧を使って帯電粒子を加速し原子核を破壊するこころみに興

味をもったのは，ラザフォードの研究室であった．コッククロフトは，当時若い研究員としてそこにつとめていた．

彼は英国人で綿織物の業者の家に生れた．しかし家業を継がずマンチュスター大学に入って数学を学んだ．第一次大戦では砲兵として出征したが，終戦になると大学に帰り，電気工学をおさめて有名なメトロポリタン・ビッカース社に入った．

そのうちに数学と物理学が面白くなったので，ケンブリッジ大学に入りラザフォードの研究所の一員になった．最初は原子核の研究でなく，ロシアからきていた有名な物理学者カピッツァの下で強磁場をつくる実験や低温物理学の研究をしていた．原子核の研究を始めたのは1928（昭和3）年からである．

人工的に加速した陽子で原子核を破壊するというテーマにとりかかった．

陽子は正の電気をもち，原子核も正に帯電しているから，その間にはクーロンの法則が示すような斥力がはたらいている．したがって，陽子が原子核に接近すれば斥力はたいへん大きくなるから，原子核に混入するのは不可能と思われる．

ちょうどその頃，ロシアの有名な理論物理学者ガモフ[1]がケンブリッジにやってきた．彼は放射性元素の原子核からアルファ粒子が放出される理論をあきらかにした学者である．

コッククロフトとガモフはその理論をもとにして原子核の外部から粒子を侵入させる可能性を検討してみた．その結果，30万ボルトで加速した陽子を使えばよさそうだという結論に達した．

ラザフォードに相談すると実験の許可が出たので直ちにとりかかることになった．高電圧の電源として，まず考えられたのが誘導コイルとテスラ変圧器であるが，どちらも高電圧に保たれる時間が短いので加速されて出てくる粒子の数が少ない．したがって直流の高電圧が必要になる．

直流の高電圧を得る方法をコッククロフトはウォルトンとともに研究を始めた．ウォルトンはアイルランド生れで父はメソジストの牧師である．数学と物

---

[1] G. Gamow（1904〜1968）

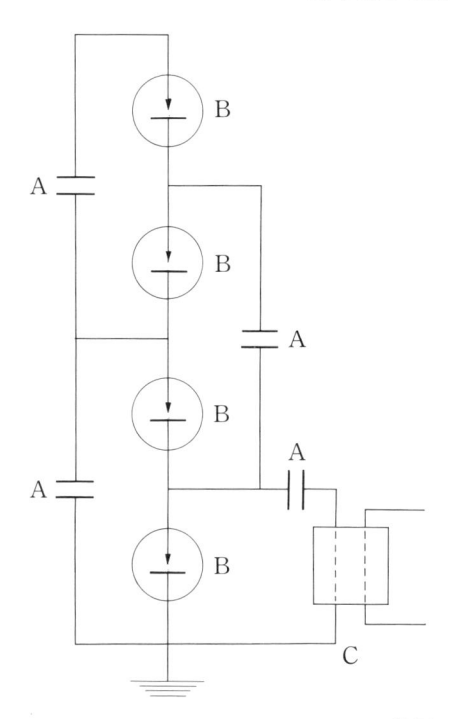

図10　コッククロフト-ウォルトンの装置
A：コンデンサー，B：整流管，C：変圧器．

理学が得意でダブリンの大学を出てからケンブリッジ大学に入り，ラザフォードのところで研究することになった．

　整流管とコンデンサーを適当に組み合わせた回路をつくると，変圧器で得た高圧の交流をさらに電圧の高い直流にすることができる技術はすでに知られていたので，コッククロフトとウォルトンはその方法によることにした．

　実験までには多くの技術的な困難があったが，それはメトロポリタン・ビッカース社の援助で切り抜けることができた．1931(昭和6)年5月には50〜60万ボルトの直流高電圧が得られるようになり，32年には加速された陽子をリチウムの原子核にあてて破壊するのに成功した．

　リチウムには2種類の同位体があり，リチウム6が7.5%，リチウム7が

92.5%である．陽子がリチウム7の原子核にあたると，2個のヘリウム原子粒（アルファ粒子）が高速で出てくるのが明らかになった．この研究で二人は1951(昭和26)年にノーベル物理学賞をもらった．

阪大の装置は1935(昭和10)年に組み立てられて，最高60万ボルトまで得られた．菊池先生，伏見康治，青木寛夫（のち熊谷）の人達で研究が始められた．主として重陽子を加速して重陽子にあて，出てくる中性子を使っての原子核研究がおこなわれた．

コッククロフト-ウォルトンの装置が現れる前に実験室で使われた直流の高圧電源は多数の小型電池を直列につないだものか，高電圧の高圧器と整流管を使ったものであった．

前者は数百ボルトほどの直流電圧しか得られないし，後者はX線用の電源として数万ボルトの直流が得られた．

1936(昭和11)年には磁場の直径が70 cmのサイクロトロンができあがった．菊池先生が主任で，渡瀬 譲，伊藤順吉，武田栄一の皆さんの努力による．400万ボルトで加速したと同じ速度をもつ重陽子で原子核に関する実験がおこわれた．

サイクロトロンは1929(昭和4)年にローレンス[1]によって発明された．彼はアメリカのサウス・ダコタ州で生れた．ノルウェー系の移民の子孫である．父は学校の管理人であった．

幼年時代からラジオの組み立ては得意であったが，入学したエール大学ではあまり優秀な学生ではなかった．科学者としてより発明家としての才能にすぐれていると思われていた．

初めは化学に興味があったらしく，ミネソタ大学では化学で学士号をもらい，エール大学では物理学で博士号をもらった．次第に優秀さがみとめられて1928(昭和3)年にはカリフォルニア大学に教授として招かれた．

ローレンスは1929(昭和4)年にドイツ人ビデレー[2]の論文を見つけた．これ

---

[1] E. O. Lawrence（1901〜1958）
[2] R. Wideröe

はその前年に書かれたもので，ナトリウムやカリウムのイオンを階段的に加速する方法で今日の線形加速器と同じ原理であった．

この方法によるとイオンを充分に加速するためには長い距離が必要になる．そこでイオンに円運動をさせ，その間に高周波を使って回数を多く加速すれば長い距離を走らせることなく充分に加速できる．円運動をさせるには磁場を使えばよいと気がついたのがローレンスであった．そして当時，大学院学生であ

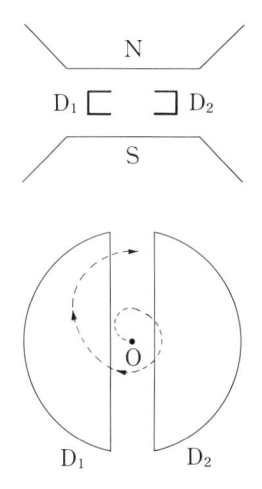

図11 サイクロトロンの原理図
　NSは電磁石の両極で，その間に半円型の2個の金属箱をおく．D_1, D_2 がそれで高周波の電源につないである．

　加速しようとするイオンはOでつくる．D_1 と D_2 の間に電場があり D_1 が負になっているとイオンはその方に進む．しかし磁場が作用しているからイオンは回転運動をして D_2 の方に進む．このとき D_2 が負になっているとイオンは加速される．

　このようにしてイオンが D_1 と D_2 の間を回転している間に次第に加速されて高速度になっていく．これがサイクロトロンの原理である．

ったリビングストン[1]とともに実験を始めた．

最初のサイクロトロンの磁場は直径が10 cmで，加速には4メガサイクルの高周波が使われた．それで水素分子のイオンを加速したところ，1万3千電子ボルト[2]のエネルギーをもつ粒子が得られた．

磁場の直径を27 cmにすると，陽子を1.2 MeV[3]まで加速することができ，その電流も約0.01マイクロ・アンペアまでとり出すことができた．1931（昭和6）年であった．

日本でのサイクロトロンは理化学研究所（理研）の仁科研究室が最初で，1935（昭和10）年に着手され，1937年に実験が可能になった．磁場をつくるのに必要な電磁石の方にはあまり問題はなかったが，高周波の発振装置は当時の物理学者には荷が重すぎた．

電気工学の方面では高周波の取り扱いは問題でなくなっていたが，物理学者の方では必要がなかったので未経験の分野であった．しかもサイクロトロンでは出力が大きな発振装置が必要であって，それに使用する真空管も国産では入手するのが困難であった．そこで阪大では金属製の真空管をつくり排気しながら使用するという状態であった．

この苦心のかたまりのようなサイクロトロンも，1945（昭和20）年の終戦直後アメリカ進駐軍の手で破壊されてしまった．これは理研のサイクロトロンでも同じで，大小2基あったのが破壊されてしまった．ところが，1951（昭和26）年サイクロトロンの発明者ローレンスが日本にきた．

ローレンスは日本の研究室を見てまわってから，サイクロトロンの再建をすすめた．それから科研と名が変わっていた理研と阪大にサイクロトロンができることになった．阪大のは磁場の直径が110 cmで，重水素イオン（重陽子）を12 MeVまで加速できるものであり，1955（昭和30）年には実験が可能になった．

湯川先生が阪大にこられたのは1933（昭和8）年の春であった．当時先生は京

---

[1] M. S. Livingston
[2] 1電子ボルト (eV) $= 1.6 \times 10^{-19}$ ジュール   [3] 1 MeV $= 10^6$ eV

大講師であったので，阪大講師は兼任の形であった．阪大ではまだ講義がなかったので毎日の出勤ではなかったが，塩見理化学研究所の大部屋に机があった．

奥田助手も林助手も同居していたが，出勤された湯川先生は窓ぎわの机にすわって文献を読んでおられた．時には庭に出てキャッチ・ボールをされることもあった．

昼食も私達とともにされることが多かった．こちらは何も予備知識がなかったから，先生の研究テーマをお聞きしたことがある．"今はベータ崩壊の理論をやっている"というお答えがあった．

"理論物理を選ばれたのは何故ですか？"という質問には"実験室のガラス細工を見たら，これはとても自分にはできないことだと思った"というお答えがあった．

中間子論も静かに湯川秀樹[1]先生の頭の中ではでき上がりつつあったのであろうが，ガラス細工やハンダ付けに追われていた実験の連中にはとんとわからなかった．気がついたのは1937(昭和12)年である．アンダーソンとネッダマイヤー[2]の発見であった．

二人は宇宙線の観測をしているうちに，電子の質量のおよそ200倍の質量をもつ新しい粒子を発見した．この粒子はメソトロンと呼ばれるようになった．それより先，湯川先生は原子核内の陽子，中性子などの間に働く核力を説明するため質量がおよそ電子の200倍くらいの粒子の存在を考えていた．

この理論の最初の発見は1934(昭和9)年10月で，日本数学物理学会大阪支部会が阪大の理学部で開かれたときであった．筆者もその会には出席していたが，内容が高級なことと湯川先生の声が小さいことで何もわからなかった．これが論文になって発表されたのは1935(昭和10)年の日本数学物理学会誌で，英文であった．この論文が後にノーベル物理学賞の対象となった．

中間子の発見者アンダーソンは，スウェーデン系のアメリカ人として1905

---

[1] 湯川秀樹（1907～1981）
[2] S. H. Neddermeyer

(明治38)年にニューヨークで生れた．カリフォルニア工科大学に入り1930(昭和5)年に物理学で学位をもらった．そして有名な物理学者ミリカンの指導で研究生活に入った．

磁場のなかで動くウィルソンの霧箱をつくって宇宙線の観測をしているうちに陽電子を発見した．これは1932(昭和7)年であったが物理学上の大発見であったので，1936(昭和11)年にはノーベル物理学賞をもらった．つづいて1937(昭和12)年には前にも述べたように，弟子のネッダマイヤーとともに中間子を発見している．これも宇宙線の中にあった．

湯川先生の共同研究者の坂田昌一さんが阪大の助手としてきたのは1934(昭和9)年であった．坂田さんは昭和8年に京大を卒業すると理研の研究生になり，朝永振一郎先生の指導で理論物理学の研究をしていた．

坂田さんが阪大へきてから間もなくであったと思うが，物理教室で量子力学の勉強会が始まった．テキストはハンド・ブックの中の一章で筆者はベーテ[1]であった．坂田さんはそのリプリントをつくって出席者の全員にくばってくれた．それにもかかわらず勉強会はあまり長くつづかなかった．

1936(昭和11)年の6月に大阪でも見える日食があった．実験に使うパラフィンをとかすため火にかけたまま若い人達は屋上に日食を見に上がってしまった．そのうちにパラフィンに火がついて燃え上がった．たまたま近くにいた湯川先生と坂田さんが消火のため水をかけた．熱い液体のパラフィンは熱湯とともに両先生におそいかかった．両先生ともに顔面に火傷をおい，坂田先生は入院という事件があった．"理論屋がへたに手を出すとろくなことにならない"とは湯川先生の後日談であった．

1938(昭和13)年には小林稔さんが理研から阪大に移り，湯川先生の研究室に入った．その少し前から武谷三男さんの姿もよく見うけるようになっていた．このようにして中間子論の陣営は次第に強化されていったのであるが，湯川先生は京大の恩師玉城嘉十郎先生のあとを継ぐべく，1939(昭和14)年には阪大から出て行かれた．

---

[1] H. A. Bethe（1906〜　）

湯川先生はかねてから南画をよくされると聞いていたので，阪大の記念として一筆をお願いしたところ気持よくひきうけていただいた．早速，掛け軸にして今も大切にもっている．

　湯川先生は1940(昭和15)年に学士院賞をもらわれたので，坂田さんに"あなたは何をもらわれたか？"と冗談に聞いたところ，"僕は湯川先生から万年筆をもらった"という話であった．

　さて実験の方であるが，菊池研究室で1940(昭和15)年からファン・デ・グラーフ型の高電圧装置の建設が始まった．後にはバンデといわれるようになり広く高圧電源に使われるようになった．発明者はファン・デ・グラーフ[1]である．

　彼は米国人で，アラバマ大学を卒業した後，パリのソルボンヌ大学へ入り，1925(大正14)年からはオクスフォード大学にかわった．そこで高電圧発生装置の新しいタイプを思いついた．

　地上から絶縁された球型の電極にベルトを使って静電気をおくり込むという簡単な原理で，電極の絶縁が完全であれば電気をそれへ供給することで任意の値の高電圧が得られる．それは正電圧でも，負電圧でも選ぶことができる．

　ファン・デ・グラーフは，小型の装置で1929(昭和4)年には8万ボルトの高電圧を得ている．1931(昭和6)年には1千5百万ボルトも得られるようになった．

　阪大の装置は230万ボルトが目標であったが，戦争のために完成がおくれ戦後になって活動を始めた．

　岡部金治郎先生は1935(昭和10)年に名古屋高等工業学校から阪大へ助教授としてこられた．マグネトロン（磁電管）の専門家であった．八木先生の高弟である．

　初め東北大学の物理学科に入学されたが，電気工学科ができたときに転学された．その理由をお聞きしたことがあったが，"物理学科の同級生に数学がよくできる学生がおり，とても机をならべて進むことはできないと思ったから

---

[1]　R. J. Van de Graaff（1901〜1967）

だ"というお答えがあった．

　先生は大学卒業後もひきつづき研究をつづけ，1927(昭和2)年には講師で学生実験にマグネトロンの指導をしておられた．マグネトロンは1921(大正10)年に米国で発明された特殊な真空管で，磁場を作用させるようになっている．

　学生実験の測定結果に奇妙な現象が現れたのが岡部先生の眼にとまった．今までの常識では説明がつきかねたので，先生は八木先生のところへ相談にいかれた．これが岡部先生のマグネトロン研究の発端になった．

　その結果，マイクロ波の発振が可能の分割マグネトロンや大阪管の発明となった．これらの研究で岡部先生は，1941(昭和16)年には学士院賞，1944年には文化勲章をもらわれた．

　このようにして阪大理学部は着実に力をつけてきたのであったが，学外の状勢はしだいにけわしくなっていた．1936(昭和11)年には2・26と呼ばれる大事件がおきた．この日，2月26日の夜は阪大物理学科卒業第一期生の送別会が開かれていた．その会場で，はからずも耳にしたのがこの大事件であった．しかし詳細がわからないので送別会は何事もなく終わった．

　この日の未明，東京では約1400名の陸軍部隊が暴動をおこし，首相の官邸をおそい，岡田総理大臣を狙ったが幸いに逃れることができた．しかし高橋大蔵大臣，斎藤内大臣，陸軍教育総監の渡辺大将を惨殺してしまった．そして陸軍省，参謀本部など，要所を占領してたてこもった．

　海軍では直ちにこれらの部隊を叛乱軍として平定する準備をととのえたが，陸軍ではその決心がなかなかつかず，28日まで右往左往の状態がつづいた．しかし昭和天皇の決断で29日討伐と決まった．そして東京との通信，交通はすべて遮断されてしまったので困ったのは新聞社である．記者達が大学へかけこんできて"何か記事になるような材料はないか，夕刊が出せないのだ"というようなさわぎもあった．しかし，29日の夕方には東京も静かになっておさまった．

　1937(昭和12)年7月にいわゆる日支事変が始まった．しかしそれが直ちに大学をゆさぶるようなことにはならなかった．八木先生や浅田先生は前から軍関係の技術顧問のような形で協力しておられた．

中国での戦線がひろがるにしたがって，大学の職員も少しずつ召集されるようになった．特に若い助手級の人達に多かった．私は入営はしなかったものの補充兵役に編入されていたので，いつ召集されるかわからなかった．それで毎日あまりよい気持ではなかった．長男が生れたばかりであった．

　中国からの留学生は夏休みに帰国したまま教室へは帰ってこなかった．新婚の友人はおなかが大きくなった新夫人を残したまま戦線へかりだされていった．12月には南京が占領され街は戦勝気分に満ちあふれていた．

阪大の研究室―1935年

浅田研究室では主として水銀灯に関する研究がなされていた．水銀を両極にして透明な石英管を真空にした常圧水銀灯や，肉厚の石英管を使った超高圧水銀灯が使われていた．

常圧水銀灯を光源にした光線電話は，音声による通信のほかに写真電送にも使用が可能であった．超高圧水銀灯は発光部分が小さかったが輝度は大きかった．どの程度の圧力になっていたか正しい圧力はよくわからなかったが，スペクトルを撮影するとスペクトル線の幅は大きくひろがって連続スペクトルに近かった．したがって白色光に近い光が出ていた．

光線電話は八木研究室でも実験されていたが，これは光源に炭素棒を使ったアーク灯が使用されていた．

1935(昭和10)年頃から着色中心の研究もした．着色中心は19世紀末には発見されていたが，ハロゲン化アルカリの結晶をアルカリ全面の蒸気の中で熱するとできる．1930(昭和5)年頃からドイツで組織的に研究が始まった．

阪大では食塩の結晶をつくり，ナトリウム蒸気を作用させてつくった．食塩を800°Cに熱すると液体になるので，その中に小さい岩塩を入れて静かに冷却すると大きな食塩の結晶ができた．その中から適当な大きさの単結晶を切り出してナトリウム蒸気の中で熱すると着色した結晶ができた．

そのスペクトルを調べると可視部に吸収帯が現れる．水銀灯の紫外線を使って蛍光を調べてみたが，当時の分光器は明るさが足りないので充分な結果は得られなかった．

その頃，大阪の日赤病院からの依頼で，ばい毒の治療に使われるサルバルサンが体内でどのように吸着されるかを調べたことがある．サルバルサンにはヒ素が含まれているので，それをスペクトルで追跡すればよい．サルバルサンを注射した実験動物の臓器をとり出し，その中にヒ素があるかないかをスペクトルで調べたが，ばい毒におかされた臓器に行くらしいという結論であった．

物理教室には曲率半径が1.5 mの凹面格子が買ってあったので，それを組み立てて分光器にした．直径1.5 mの車輪を買い，その上を凹面格子も細隙もスペクトル撮影部分も自由に移動できる形に仕上げた．

スペクトルの研究にはプリズム分光器が使われることが多い．しかしプリズ

ム分光器では光の波長の測定はできない．格子を使って初めて光の波長の測定ができるようになった．

　格子を初めてつくったのはドイツのフラウンホーファー[1]で，細い金属線を平行にならべ，その間隙を通った光が回折，干渉する現象を利用して光の波長の測定ができる．形が"格子"に似ていたので格子と呼ばれるようになった．1815(文化12)年頃であった．

　彼の両親は幼年時代になくなったので鏡屋の徒弟となった．しかし生れつきすぐれた才能があったので間もなく有力な後援者があらわれ，1809(文化6)年には光学器械を取り扱う会社の幹部の一人となった．

　この会社は眼鏡のレンズから顕微鏡，天体望遠鏡の製作ばかりでなく光学ガラスの製造までできるようになった．レンズの設計，製作には材料になる光学ガラスの屈折率を知る必要があったので，それを測定するために分光計を製作した．

　分光計で太陽光線を調べると虹の7色の中に多数の暗線がみとめられたので，主な暗線にC，D，E，…と名前をつけたのがフラウンホーファー線で，各国でも呼び名として使われている．その詳しい図面が最初に発表されたのは1817(文化14)年であった．

　フラウンホーファーはその後，ガラス面にダイヤモンドで平行線をひき格子をつくることに成功した．1 mm あたり302本の線をひくことができた．同じくドイツの技術者ノルベルト[2]は1 mm あたり9091本の線をひいた格子をつくることに成功した．オングストローム[3]が1868(明治元)年に発表した太陽スペクトルの波長はノルベルトの格子を使った測定であった．

　米国で格子の製作が始まったのは1840(天保11)年代であったが，スペクトルの研究に格子を利用する技術を飛躍的に進歩させたのはローランド[4]であった．彼は，金属の凹面鏡の表面に平行線をきざんだ反射光による凹面格子を使

---

[1]　J. Fraunhofer (1787～1826)
[2]　F. Norbert (1806～1881)　　[3]　A. J. Ångström (1814～1874)
[4]　H. Rowland (1848～1901)

い始めた．凹面格子の曲率半径を直径にした円周は後にローランド円と呼ばれるようになったが，この円周上に細隙と格子をおけば，スペクトルの像は同じくローランド円上に結ばれる性質がある．したがってレンズなどの光学部品を使う必要がない．

プリズムを使った分光器ではレンズとかプリズムの材質で使用できる光の波長が制限されるが，凹面格子を使えばそのような心配は全く必要がなくなる．しかも透過光を使う格子とちがって明るいスペクトルが得られるので，プリズム分光器よりもすぐれた分光器がつくられるようになった．

ローランドは格子分光器を使って太陽スペクトルを測定し，1895〜97(明治28〜30)年には約2万本のスペクトル線の波長を測定した．それらの波長はその後25年にわたって一般のスペクトル線の波長の測定の基準となった．

彼が受けた学校教育は土木工学であり，光学その他の物理学は独学であった．しかし1876(明治9)年にはジョンズ・ホプキンス大学の物理学教授に招かれた．そこにはすぐれた機械工作の技術者シュナイダー[1]がいたので格子の製作が可能になった．

1882(明治15)年にできた最初の格子はその年の秋に開かれたロンドン物理学会で公開されて好評であった．1899(明治32)年にはアメリカ物理学会の会長に選ばれたが，その時の副会長は有名なマイケルソン[2]であった．

彼はローランドの死後，シカゴ大学で格子製作の技術をひきつぎ大いに進歩させた．そこへ留学したのが理化学研究所の小野忠五郎氏であった．小野さんは1920(大正9)年から3年間，マイケルソンのところで格子製作の技術を学んだ．その後，理化学研究所でも格子の製作ができるようになった．

マイケルソンは東ヨーロッパで生れ，両親につれられて米国に移住した．高校を卒業すると海軍大学に入学した．海軍の義務年限がおわると母校に帰り物理学や化学の講師をつとめた後，ワシントンの編歴局につとめた．そこで有名な天文学者ニューカムに出会う．その頃から光速度の測定に興味をいだくようになった．

---

[1] T. Shneider　　[2] A. Michelson（1852〜1931）

ヨーロッパに留学して帰国後は専門学校や大学の教師をつとめ，最後は新設されたシカゴ大学の教授となった．光学の大家で自分が発明した干渉計を使ってモーレイとともにおこなった実験結果は相対性理論の基礎となった．

ローランドから受けついだ格子の改良は，1910(明治43)年から1920(大正9)年にかけての仕事であった．1907(明治40)年にはノーベル物理学賞をもらった．

小野さんは理化学研究所の工作係であった．大阪の工業学校を卒業した小野さんは東大理学部に就職したが長岡半太郎先生にみとめられ，理研に長岡研究室ができると，そちらに技手として採用された．

後に理研製の回折格子をテストする機会があったが，ゴーストが比較的強く現れた．ゴーストは回折格子をつくるときにダイヤモンドで平行線をひくが，そのとき平行線の間隔に周期的な変化があると現れる現象である．回折格子を使ってスペクトルを撮影すると強弱の差はあるが，ゴーストは必ず現れるものである．

ガラスや石英のプリズムを使った分光器も理研でつくられていたが，あまり大きなものはできていなかった．当時の分光器は英国のヒルガー製のものが優秀であった．しかし高価なので私達がその頃使った分光器は主として理研製であった．

ドライ・アイス（固形炭酸）のスペクトルを調べようと思ったことがある．液体空気で冷やした放電管のなかにドライ・アイスを入れて蛍光をみようと思ったが，うまく光らなかった．しかし電極付近に紫色の光が見えたので長時間かけてスペクトルを撮影してみた．現像してみると帯状スペクトルが現れたので，波長を測定してみると一酸化炭素の発光であるのがわかった．さらに，調べてみると彗星の尾によく現れるスペクトルであった．その後エチル・アルコールの蒸気を発光させても同じスペクトルが現れた．

50年ほど前は真空技術が発達していなくて，真空装置をつくると必ずもれていた．その場所を発見するにはエチル・アルコールを使うのが常であった．真空の程度をみるにはガイスラー管を使っていたが，空気が残っているとガイスラー管の放電の色は赤色に近かった．そこにエチル・アルコールの蒸気が混

入すると放電の色が紫に変わる．

　もれている真空装置のあちらこちらにエチル・アルコールを塗ってみて，ガイスラー管の発光をみていると，もれている個所が発見できるという今からみればまこと幼稚な方法であった．

　エチル・アルコールが入ったガイスラー管の発光をスペクトルで調べてみると，先に述べた彗星の尾のスペクトルと全く同じで一酸化炭素の発光とわかった．恐らくエチル・アルコールが分解して，一酸化炭素がガイスラー管の中でできたのであろう．

　1936(昭和11)年の秋から質量分析器の製作にとりかかった．

　質量分析では英国のアストン[1]が大家で，多数の同位体の原子質量を測定して1922(大正11)年にはノーベル化学賞をもらった．

　彼はバーミンガムの近くで生れたが家は金属商であった．少年時代から数学や理科がよくできた．大学教育もバーミンガムで受けた．物理学はポインティング[2]，化学はフランクランド[3]の講義を聴いた．ポインティングは電磁気学の大家であり，フランクランドは有機化学の大家であった．

　アストンは特にフランクランドの影響を強く受けたと見えて，最初の研究論文は有機化学に関するものであった．しかし研究は大学ではなく自宅の実験室でつづけていた．醸造関係の工場に数年間つとめたこともある．

　その後，真空放電に興味をもち実験をつづけているうちに，トムソン[4]にそのすぐれた技術をみとめられて，1910(明治43)年からケンブリッジでトムソンの実験助手をつとめることになった．

　トムソンは1905(明治38)年頃から陽極線の研究を始めていた．陽極線は正の電気をもった分子あるいは原子が真空放電のときイオンになって陽極から陰極にむかって流れている状態である．

　トムソンはネオンの陽極線に電場と磁場を作用させてネオンの同位体らしい

---

[1]　F. W. Aston（1877〜1945）　　[2]　J. H. Poynting（1852〜1914）
[3]　E. Frankland（1825〜1899）
[4]　J. J. Thomson（1856〜1940）

ものをみとめたが，おりあしく始まった第一次大戦で研究を中断せざるを得なかった．この時の装置がおそらく世界最初の質量分析器であろう．実験はもちろんアストンがおこなったのであった．

その後アストンは装置を改良して，陽極線にまず電場を作用させ，その後磁場を作用させるようにした．そして乾板を使って陽極線を撮影すると，質量によって光の線スペクトルに似た像が得られるので，質量スペクトルと呼ばれるようになった．

陽極線に作用する電場と磁場は光線に作用するプリズムの役目をするわけである．質量スペクトルによるアストンの研究結果から，ほとんど全ての元素は同位体をもっていることが明らかになり，酸素の同位体16を標準にすると全ての同位体は整数に近い値をもつことがわかった．その整数は質量数というが，先に述べたネオンには質量数 20, 21, 22 の同位体があり，炭素には質量数 12 と 13 の同位体がある．

その後，中性子が発見され，原子核の構造が明らかになると，原子核の中にある陽子と中性子の総数が質量数であることもわかった．たとえば質量数 12 の炭素原子核の中には陽子が 6 個と中性子が 6 個ある．しかし 6 個の陽子の全質量と 6 個の中性子の全質量を加えたものは炭素 12 の原子核の質量より大きくなる．この差をアインシュタインの質量エネルギーの関係式を使ってエネルギーに換算したものが原子核の結合エネルギーで，これが大きな原子核ほど安定であることになる．

陽子や中性子による原子核の破壊実験が進むにつれて原子核の結合エネルギーが測定されるようになると，原子核の質量測定が重要さを増してきたので，質量スペクトルの測定ができる質量分析器の改良も急がれるようになった．そして 1933(昭和 8)年にはベインブリッジ[1]，1934(昭和 9)年にはマッタウフ[2]の装置が発表された．

それまで，アストンの装置では電場や磁場のレンズ作用は全く無視されていたが，1930(昭和 5)年代の装置ではレンズ作用を考慮した装置が設計されるよ

---

[1] K. T. Bainbridge　　[2] J. Mattauch

うになった．これは電子顕微鏡の影響があったかもしれない．

　発表された質量スペクトルの像をみるとマッタウフのがもっとも鮮明で，アストンのは見おとりがした．しかし実際に装置をつくるとなると，マッタウフ型がもっとも難しそうであった．これは磁場の境界に乾板をおかなければならないので，断面積の大きな磁場をつくらなければならず，そのための電磁石も大型になる．そこでベインブリッジ型の装置をつくることにした．

　電場は2枚のアルミニウム板の間につくることにしたが，そのアルミニウム板は2個の同心円筒の一部で，円筒の中心から127°の角度で切りとられている．これは電場のレンズ作用を考慮したためである．

　磁場は頂角が60°の正三角形の一部で，底辺とそれに平行した直線でできた台形の断面積をもっている．これも磁場のレンズ作用を考えたためである．陽極線の中にある分子や原子のイオンは速度も異なっているし，電場や磁場に入るときの方向も異なっているので，同じ質量のイオンを同じ場所に集めて質量スペクトルにするのは難しい問題である．そこで電場や磁場の形を考えなければならなくなった．そのための理論的な研究も現れた．正式には発表されなかったが，伏見康治さんのいわゆるイオン光学的な計算もあった．

　それによるとマッタウフの質量分析器はよいが，ベインブリッジのは不充分だという結論になった．そして円形の磁場を使った伏見型質量分析器の基礎理論ができあがっていたが，筆者はすでにベインブリッジ型の製作にとりかかっていたので伏見型は実現しなかった．

　実際の製作は塩見理化学研究所の工作室でおこなわれ，電磁石は神戸製鋼所でつくってもらった．部品は，1937(昭和12)年の夏にはできあがっていたので，その年に北大で開かれた日本数学物理学会の総会には発表することができた．

　ちょうどその頃，支那事変が始まったので，学会の会場に盛んに電報がきて出席者がたくさん呼びかえされた．これは召集令状がきたからである．いわゆる"赤紙"で，これがくると本人は指定された日に指定された場所に行き，直ちに軍務に服さなければならなかった．

　私は先に述べたように入営はしなかったものの軍籍はあったので，内心おお

いにキモを冷やした．しかし会期中には何もおこらなかった．帰途，水沢の緯度観測所を見学したり，仙台で東北帝大へ立ち寄ったりした．そのとき天文教室の松隈先生の研究室では，前年の日食で撮影されたアインシュタイン効果を示す乾板を見せてもらった．

できあがった質量分析器の部品を組み立てると陽極線の通過する距離は 1 m ばかりもあるので，装置全体を高真空にしなければならない．しかし真空技術が当時はあまり発達していなかったので，たいへんな苦労をしなければならなかった．

真空の程度をみるにはガイスラー管が便利であった．ガイスラー管の両端の電極に数千ボルトの電圧をかけ排気していくとピンクに近い光が現れる．さらに真空の度が進むと電極の付近にファラデーの暗部が現れる．それは真空がよくなるにつれて大きくなり，見えなくなる頃にはガイスラー管の管壁が緑色に光り出す．さらに排気していくと緑色の発光も見えなくなり，水銀柱の高さでおよそ 0.001 mm 程度の真空となる．

そのあたりで排気をやめると，ガイスラー管はピンク色に光りだす．これは，装置のどこからか空気が入りこんでいるためである．どこから空気が入りこむか，その場所を発見しなければ高真空は得られない．今はヘリウムを使う空気もれ発見器があって便利になっているが，その頃は前述のように，アルコール液を塗ってみるという原始的な方法しかなかった．

後に半導体研究の大家になった川村肇さんと二人で，脱脂綿にアルコールをつけては装置の各部に塗り，ガイスラー管の放電の色を見ていた．もし空気が入りこんでいる場所からアルコールが侵入すると，アルコール蒸気の放電でガイスラー管の発光が青色にかわるからである．

苦心の末に高真空が得られるようになったので，次は陽極線がはたして計画した道を進んでくれるか否かが問題になる．まず電場の出口に蛍光物質を塗りつけたガラス板をおき，それが陽極線で発光するか否かを調べた．次は磁場の出口に蛍光体をおき，磁場をも陽極線が通過することをたしかめ，それから計画した位置に写真乾板をおいてみた．しかし，陽極線をつかまえることはできなかった．

文献を調べてみると，普通の乾板では感光物質中にあるゼラチンが妨害しているのが明らかになり，特にゼラチンの少ない乾板を使わなければならないことがわかった．そのような乾板はシューマン乾板である．

　この乾板はドイツの物理学者シューマン[1]が19世紀の終り頃，遠紫外線の研究のために発明したもので，分光学の書物には作り方が書いてあった．しかし読んでみると簡単にはできそうになかった．

　そのうちに，シューマン化乾板があるのに気がついた．これは普通の乾板に稀硫酸を作用させてゼラチンを適当に洗い流すとできると文献に書いてあった．これも実行してみると感光膜が流れてしまったりして最初はうまくできなかったが，紫外線用分光器を使って試作しているうちに実用になりそうなシューマン化乾板ができあがった．質量分析器に入れて使ってみると線スペクトルになるはずの質量スペクトルが長さが1cm以上もある連続スペクトルになっていた．

　陽極線が通過する磁場は電池を電源にする電磁石を使っていたから，磁場の強さには変化があるとは考えられない．しかし電場の電源は高圧の交流を整流して使っていたので，完全な直流になっていなかった．これは素人無線の大家で卒業実験のために研究室にきていた学生の吉本正二君の努力で何とか切り抜けることができた．その頃は川村さんが学外へ去り，緒方惟一さんが研究室に入っていた．

　質量分析器の磁場の強さを測定しなければならなくなったので，川村さんと二人で何か新しい方法はないかと考えたことがある．その結果，交流を通じた細線を磁場の中で振動させる測定法を思いついた．磁場の方向と直交するように細線をはり，それに1000サイクルほどの交流を通じると細線は磁場の中で振動を始める．この運動は磁場を切ることになるから，結果として細線のインピーダンスが変化する．その変化を測定して磁場の強さを知るという考えであった．

　この試みを応用物理学会誌に発表すると，興味があったのか電気学会が英文

---

[1] V. Schumann (1841〜1913)

になおして紹介してくれた．このようなことをしているうちに質量分析器を取り扱う技術も次第に進歩して，1938(昭和13)年の秋頃には質量スペクトルらしきものが撮影できるようになった．

その頃，国内では国家総動員法ができたり，欧州ではナチスがオーストリアを併合したりしていたが，大学内はまだ静かで研究を続けることができた．

まずメタンの陽極線をつくり，その質量スペクトルの撮影を試みた．メタンの分子式はCH_4であるから質量数で表すと16になる．これが酸素の質量数16のスペクトル線とどれだけ離れて撮影できるかが問題になる．メタンは放電管のなかで分解されてCH，CH_2，CH_3になるばかりでなく，CH_5もCH_6のスペクトル線も現れた．しかも等間隔に現れたので水素1原子がつくたびに乾板上で増加する距離を測定することができた．

CH_4とOのスペクトル線も2重線として撮影できたので，水素原子の質量を使って炭素12の原子質量を測定することができた．同じようにCH_2とNの2重線の測定でチッ素14の原子質量をも測定することができた．これで新作の質量分析器もなんとか実用になることが明らかになったので，1939(昭和14)年の京都で開かれた学会で発表することができた．

この年は日ソ両軍がノモンハンで大衝突をしたり，ナチスがポーランドに侵入したりして，第二次大戦が始まった年である．

ウラン235の核分裂はその前年1938(昭和13)年に発見されていたが，日本ではあまり問題にはなっていなかった．

1939(昭和14)年の6月には新潟で日本学術協会の大会があったので，緒方さんと出かけた．浅田先生が質量分析器について講演された．それから佐渡へわたり昔から有名な金山を見学したり，オケサおどりを楽しんだりして帰った．

この年に卒業研究にきた学生の菅原吉彦君の努力でシューマン乾板の製作ができるようになり，質量スペクトルの撮影がたいへん便利になった．菅原君は後に成蹊大学の教授になった．

理由はよくわからなかったが，その頃，放物線型の質量分析器が外国のあちこちでつくられるようになった．これは質量分析器の最初の型で，J.J.トム

ソンが1907(明治40)年につくった．

　陽極線に電場と磁場を同時に平行に作用させると乾板の上に放物線になって撮影される装置であるが，トムソンはこれを使ってネオンの同位体を発見している．学生実験には適当と思われたので製作してみたら，案外簡単に質量スペクトルが撮影できた．おそらく日本では最初であろうと思っていたが，後に京大の荒勝先生から"京大では，トムソンの成功以来まもなく放物線型の質量分析器をつくり塩素の同位体を撮影した"というお話を聞いた．年代は明らかでない．

　1941(昭和16)年2月には山林火災の実験をした．もし空襲によって山林に火災が発生したらどのような現象がおきるか？　という試みである．奈良の三笠山では毎年2月頃，山焼という行事がある．歴史的な理由から三笠山の斜面に放火して焼くのである．

　浅田先生の発案で，三笠山の一斜面のふもとに一直線に同時に放火する実験とせまい谷底の一点に放火する試みである．これは火薬を使って放火するのであるが，一直線に放火すると，それを底辺にした三角形のように延焼する．谷底から放火すると逆三角形に延焼するのがみとめられた．

　この実験は2，3回くりかえされたが，いつも同じように延焼していった．実験の結果はまとめて応用物理学会誌に報告された．12月には太平洋戦争が始まり，学生の修業年限が短縮されたので，翌年3月卒業予定の学生が，12月に卒業していった．その中には後に有名な俳人になった後藤日奈夫君もいた．

　同位元素の分離法として熱拡散が使われるようになったのは1938(昭和13)年であるが，方法が簡単なので実験室でこころみてみた．予備実験として水素と二酸化炭素の混合物を分離してみようと思った．1940(昭和15)年の春である．その結果を分光学的にたしかめようと思ったが成功しなかった．

　武田栄一さんは熱拡散で炭素の同位元素の分離にみごとに成功した．炭素には安定同位体としてC^{12} (98.9%)，C^{13} (1.1%)が存在するが，武田さんはメタンの形で熱拡散をおこなった．その結果は質量スペクトルで調べて完全な成功を確認することができた．

このように質量分析器がうまく動きだしたので，1941(昭和16)年には理学博士の学位をもらうことができた．その頃"松下"にいた友人から，研究所を新しくつくることになったからこないか？　という話があった．

　面白そうなので八木先生に相談すると同意が得られたので，松下幸之助[1]さんと面会することになった．松下にいる友人と二人で一流の料亭でごちそうになったが，これはたいへんな大人物であると感心した．しかし研究所新設の話は何故か中止になったので，私の松下行きもとりやめになった．

　支那事変の進展とともに日常生活も次第に窮屈になる．1940(昭和15)年には砂糖やマッチが切符制になって自由に買えなくなった．その翌年の後半になるとさらにきびしくなり，肉類，菓子などは行列をつくらなければ買えなくなった．

　酒類も次第にとぼしくなり，飲食店に入ってもビール1本，あるいは酒1合しか飲めなくなった．毎月一回あった興亜奉公日には飲食店でも禁酒であった．

---

[1] 松下幸之助（1894～1989）

開　戦―*1941*年

1941(昭和16)年12月8日は，日英米開戦の日である．早朝のラジオで報告があったが，宣戦の詔勅がでたのは11時40分頃であった．この日は月曜日であり出勤はしたものの研究は手につかず，一同，青白い顔をしてラジオの前に集まり緊張の状態であった．

12月10日に理化学研究所で講演会があったので，東京へ出張した．夜間ひさしぶりに銀座裏を歩いてみたが，空襲にそなえて灯火管制をしていたので行きかう人の顔がよくわからぬような状態であった．

1942(昭和17)年1月末に助教授になった．研究はあいかわらず質量スペクトルによる原子質量の測定がつづく．食糧難は次第にひどくなって街の食堂では食券が必要になり，その売り場には長い行列ができていた．砂糖，肉，野菜などいずれの食物も種類がひじょうに少なくなり，家庭では米が不足し一日3回とも米飯がとれる家はほとんどなくなった．"フロシキ包みを見ると皆食物に見える"という状態であった．

衣料も切符制になったが，これは食糧ほどに影響がなかった．

アメリカが原子爆弾の製造にふみきったのは1941(昭和16)年らしい．この情報は日本に比較的早く入ったらしく，1942(昭和17)年に菊池先生はウラン235の分離を計画した．それは磁場を使う方法である．この方法は確実ではあるが大量のウラン235を集めるには適当でないので，菊池先生は原爆はあきらめレーダーの研究に進んだ．

レーダーは第二次大戦に現れた新兵器で，日本の陸軍では電波探知機，海軍では電波探信機とよんでいたが，通称，電探とよばれていた．レーダー Radar は Radio Defection And Ranging からできた言葉で，"敵の艦船あるいは航空機を無線によって探知する"研究をアメリカ海軍の技術研究所が開始したのは1931(昭和6)年の1月であった．

1934(昭和9)年の春にはパルスを使うレーダーの研究を始め，その年の暮には，1.6 km 離れた飛行機からの反射波をつかまえることができるようになった．

1935(昭和10)年の夏には，英国でも 30 km 先の飛行艇からの反射波をとらえることができるようになり，アメリカ陸軍の通信隊もパルス・レーダーの研

究を開始した．

　1936(昭和11)年の春に英国では飛行機用のレーダーの研究を始めた．その頃の英国のレーダーは130 km離れた航空機も探知できるようになっていた．この年には日独防共協定が結ばれ独伊枢軸も成立している．

　1937(昭和12)年の春にはアメリカで駆逐艦にレーダーをのせ，海上でも完全に使用できることが明らかになった．英国政府は英本国の東・南海岸・テームズ河河口に重点をおいてレーダー網をはる決定をした．ドイツからの空襲にそなえてである．

　ドイツでは1932(昭和7)年にナチスが天下をとり，1935(昭和10)年には再軍備を宣言したので，英国が心配を始めたのはまことに自然な成り行きであった．

　防空に関する一般国民の関心も高まり，電磁波による殺人光線を使えば敵機が撃墜できるだろうというような意見も現れてきた．これをとりあげた当局者はこの方面の専門家であるワトソン・ワット[1]に意見を求めた．

　彼はスコットランド生れの物理学者で，はじめは雷雨とか空中電気のような気象学的な研究をしていたが，後にはアップルトン[2]と共同研究をするようになった．アップルトンは電磁波による電離層の研究の大家でノーベル物理学賞をもらっている．

　ワトソン・ワットは殺人光線の可能性を否定し，レーダーの使用をすすめた．そして実験を始めたのは1935(昭和10)年6月である．

　アップルトンは1924(大正13)年の春頃，雷雨と無線通信の乱れの研究をしていた．ロンドンからの放送電波をケンブリッジで受けていると，日中は強さが一定であるが，夜間には周期的に変化するのが明らかになった．ヨーロッパ大陸からの電波を受けてみると日中はひじょうに弱いが，夜間には強さに変化はあるが強度はたいへん大きくなった．これを説明するには上空に強く電波を反射する層が夜間にはできると考えればよい．しかし，1924(大正13)年には

---

[1]　R. A. Watson-Watt（1892〜1973）

[2]　E. V. Appleton（1892〜1965）

その存在は確認されていなかった．

　1901(明治 34)年にマルコニは大西洋横断の無線通信に成功した．電波は光と同じ電磁波であるから直進性をもっている．したがって地球の形から考えると，このような現象はおきないはずである．しかし地球の上空に電波の反射面があるとすれば，長距離間の無線通信が成功しても不思議ではない．

　その反射面を最初に予想したのはケネリー[1]とヘビサイド[2]で，1902(明治 35)年のことであった．二人は全く独立に同じ結論に達したのであった．ケネリーは米国の電気工学者であり，ヘビサイドは英国の物理学者である．

　アップルトンは電波の周波数変調の方法を使って，上空およそ 100 km のところに電波反射層があるのを発見した．1924(大正 13)年の秋であった．これがケネリー-ヘビサイドが予想した反射層で，その後の研究によると D，E，F と呼ばれる複数の反射層があり，日光によりイオン化したチッ素，酸素などの分子の存在が知られている．したがって電波反射層はイオン層とも呼ばれる．

　アップルトンの研究に少し遅れて，アメリカではブライト[3]とチューブ[4]が電波反射層の高さを測定している．これは電波のパルスを使った方法で，1925(大正 14)年のことであった．

　イオン層の高さを電波で測る方法は直ちにレーダーに使える技術である．

　英国では 1934(昭和 9)年にチザード[5]を責任者とする防空技術研究委員会がつくられたが，そこでワトソン・ワットとアップルトンが顔を会わすことになる．ワトソン・ワットは放送技術研究所の所長であり，アップルトンはケンブリッジ大学の教授であった．レーダーの研究歴はワトソン・ワットの方がおそい．

　第二次大戦が始まったのは 1939(昭和 14)年 9 月であるが，その時は英本国

---

[1]　A. E. Kennelly（1861〜1939）
[2]　O. Heaviside（1850〜1925）
[3]　G. Breit
[4]　M. A. Tube
[5]　Sir Henry Tizard

の東海岸には波長 10 m のレーダー網が完成していた．

　日本でも 1936（昭和 11）年に海軍技術研究所でレーダーの重要性を認め研究に着手しようとしたが，"敵前で電波を出しては奇襲攻撃が不可能になる"という理由で立ち消えになってしまった．しかし英国ではワトソン・ワットの指導で航空機のレーダーの研究が始まっていた．

　第二次大戦が始まると，予想されたとおり英本国はドイツ空軍の猛烈な空襲にさらされた．しかし英本国のレーダー網のため昼間の空襲はほとんど不可能になったので，ナチスは夜間攻撃に切り換えてきた．そこで，英国はレーダーをそなえた夜間戦闘機を繰りだした．

　ドイツの爆撃機を見ながら攻撃する夜間戦闘機用のレーダーには，波長が 10 cm 程度の電磁波が必要なので磁電管が使われるようになった．航空機用レーダーの完成には英国の物理学者ラベル[1]の功績が大きい．彼は後に有名な電波天文学者になった．

　沿岸警備用の航空機がレーダーを使うようになってからドイツ潜水艦の攻撃が防げるようになり，1 か月に 70 万トンも撃沈されていた商船の被害を 10 万トンの程度にまでおさえられるようになった．

　そのうちに，航空機用レーダーを使用すると曇天でも夜間でも地形がわかるようになり，ハンブルグやベルリンを空襲して大損害を与えることができた．1943（昭和 18）年の初めである．

　日本の海軍技術研究所で m 波，cm 波の研究を始めたのは 1937（昭和 12）年で，1941（昭和 16）年 11 月に，最初のレーダーが千葉県勝浦にすえつけられた．

　海軍技術研究所には静岡県の島田に分室があった．これは電波研究部の伊藤庸二技術中佐がつくった．分室長は水間正一郎技師で，活動を開始したのは 1943（昭和 18）年 4 月であった．菊池先生が行かれたのはこの島田分室である．

　渡瀬譲さんが菊池先生の要請で島田分室へ出向したのはその年の 8 月であった．菊池先生は東京の電波研究部でのレーダーの仕事が忙しく，島田分室は渡

---

[1] Sir Bernard Lovell（1913〜　）

瀬さんが主任のような形であった．

渡瀬さんはその頃，阪大でラビ[1]の装置をつくりつつあった．その装置は原子線を使って原子核の磁気モーメントを測定するもので，ラビはこの研究で1944(昭和19)年にノーベル物理学賞をもらっている．

渡瀬さんの島田での研究は超巨大磁電管の開発であった．後には天体力学の大家の荻原雄祐先生，理論物理の朝永振一郎先生，小谷正雄先生も来られた．小谷，朝永の両先生はこの時の理論的な研究で1948(昭和23)年に学士院賞をもらわれた．

1942(昭和17)年2月，日本軍はシンガポールに入った．そこで初めて英軍がレーダーを使用しているのに気がついた．それをよく調べてみると八木アンテナが使用されているのが明らかになった．このアンテナは電波を一定方向に誘導する作用があり，前にも述べたことであるが，大正末期，当時，東北帝大工学部教授であった八木先生の研究室で発明された．これを実用化したのが八木先生の門下生の宇田新太郎さんで，今日では"八木-宇田アンテナ"と呼ばれることが多い．宇田さんはこの研究で1932(昭和7)年に学士院から東宮御成婚記念賞をもらった．

1940(昭和15)年の秋，英国はチザード使節団を米国におくって，レーダーの技術的援助をもとめようとしたが，この段階では英国の方が進歩していたらしい．米国はまもなくマサチューセッツ工科大学（MIT）内にレーダー専門の研究所をつくり，秘密保持のためか輻射研究所という名前をつけた．ラビは当時コーネル大学の教授をしていたが，この研究所の重要な席についた．

1942(昭和17)年になると米国艦隊はm波レーダーをそなえるようになり，ひきつづいてcmレーダーをも使用するようになった．その結果，夜間の砲撃も可能になったので，日本海軍は文字どおりヤミウチに会わざるを得ないような状況になった．ソロモン群島付近の海戦でこれを経験した日本海軍は，いそいでcm波のレーダーを用意しなければならなかった．1943(昭和18)年の春である．菊池先生が海軍技術研究所に出て行かれたのもその頃である．

---

[1] I. I. Rabi（1898～1988）

1943（昭和18）年後半になると一般家庭の食料事情はいちだんと悪くなった．配給米には満州からの大豆が入りだした．米の不足である．大人一人前1日の量が2合3勺（340g），小人は8勺（120g）で，毎日，空腹になやまされた．

　私は在郷軍人であったので，日曜日には午前4時半より竹槍をかついだ早朝訓練がある．銃剣術の指導もあった．

　出勤すると昼食の心配をしなければならぬ．11時半には食堂に出かけて行列にならばなければならない．少しぼんやりしていると食事にありつけない．ハム一皿，フルーツ・ポンチ一皿でパンも米飯もないという昼食もあった．ビヤ・ホールは産業戦士以外はまず入れてくれない．

　百貨店の食堂でも昼食はニギリメシより小さい黒パン1個，うすいミソ汁，ツケモノ2片，サメだろうと思われるサカナ一皿という有様であった．

　1月に"戦時科学報国会"が学内に組織された．菊池正士教授や赤堀四郎教授の首唱で理学部と工学部の教授で組織されたが，実際には活発な動きはなかったようである．筆者のところには翌年の3月に一度だけ呼びだしがあり，当時の川西機械製作所の本社工場と大久保工場を見学したことがあった．真空管工場では多数の女工さん達が手作業で真空管をつくっていた．

　その頃になると映画館も飲食店も営業停止となり，街では紅茶もコーヒーも飲めなくなった．食料事情も悪化し，配給される米には満州の豆粕が入るようになった．これは肥料に使われていたものである．

　4月になると学徒動員が強化され，二年生の学生実験ができなくなったので，一年生の中から適当な人員を選んでは二年生の実験を行うこととした．しかし資材が不足してきたので，なるべく消耗品を使わないテーマを選ばねばならなくなった．

　6月になると本土空襲が始まった．警報がでると大学へ行き解除になるまで警戒にあたる．その間は休講である．通勤用の電車は警報がでると時刻にかかわらず運転してくれるが，車両の多くは座席がとりはずしてあった．

核分裂—1938〜44年

1944(昭和19)年7月末，航空本部からS少佐が来学した．ウラニウム235 (U235) の分離についての連絡である．それによると，米国ではU235の分離に成功し，それを使った原子爆弾の実験を行ったらしいということであった．日本でも理化学研究所の仁科研究室で秘密裡に研究が始まっていた．

その予備実験と思われるが少量のアルゴンが送られてきて，その同位体の存在比の測定をたのまれた．それには質量分析器が必要であるが，当時，日本で質量分析器があるのは筆者の研究室だけであった．

アルゴンには質量数36，38，40の3種類の同位体があるが，もっとも多いのが40で，次が36，最微量が38の同位体である．理研では熱拡散による同位体分離法が試みられていたが，それによると思われる試料のアルゴンではあまり明白な結果は出ていなかった．

ウラニウムにはU235のほかに質量数238 (U238) と質量数234の同位体があるが，99.27%はU238でU235は0.72%である．U235の核分裂が発見されたのは1938(昭和13)年で，発見者はハーン[1]とシュトラスマン[2]であった．

ハーンはドイツの化学者であるが英国に留学して放射性物質の研究を始め，ベルリンにできたカイザー・ウィルヘルム研究所でシュトラスマンとともに中性子を使ってウラニウム原子核の分裂を発見した．1944(昭和19)年にはノーベル化学賞をもらった．核分裂がおきると中性子ができ，それが次の核分裂をおこすので，いわゆる連鎖反応がおきる．それを放置すれば原子爆弾になり適当に制御すれば原子力となる．

1939(昭和14)年1月に米国で理論物理学の学会があり，ボーア[3]教授が理論的な見地から核分裂をするのはU235であると述べた．それにつづいてフェルミが連鎖反応がおきる可能性を明らかにした．

1940(昭和15)年になると英国バーミンガム大学のパイエルス教授とフリッシュがU235を使えば原子爆弾ができることを明らかにした．

この文書はフリッシュ-パイエルス覚書として有名である．技術的なことも

---

[1] Otto Hahn (1879〜1968)　　[2] Fritz Strassman (1902〜　)
[3] Niels Bohr (1885〜1962)

書いてあるが,放射能による被害も強調し,大量の殺人をともなう兵器であるから攻撃の手段として用いてはならないと強調している点は重要である.

フリッシュもパイエルスもナチスに追われたユダヤ系の学者で,パイエルスは1937(昭和12)年からバーミンガムにきていたが,フリッシュは1939(昭和14)年にきたばかりであった.

パイエルス[1]はベルリンの近くで生れた.父はすぐれた電気技術者であり家庭はゆたかであった.ベルリン大学では量子論で有名なプランクの講義をきいたが少しも面白くなかった.

ドイツでは自由に大学が替われたのでミュンヘン大学に転学した.ここでは理論物理学の大家ゾンマーフェルトの講義をきくことができた.プランクの講義とちがい明快でやさしかった.

次はゾンマーフェルトのすすめでライプチヒ大学に行き,ハイゼンベルクの指導をうけることになった.その頃ハイゼンベルクは強磁性体の理論を研究していた.

そのうちに彼は米国にでかけることになったのでパイエルスをチューリヒ工業大学のパウリに紹介した.ここでは結晶のなかの原子の振動を研究する.パウリはその才能をみとめて助手に採用した.

1932(昭和7)年にはロックフェラー財団の援助が得られたので,英国に留学することができた.そのうちにドイツではナチスが勢力を得てきたので,ユダヤ系のパイエルスは帰国が困難になった.

しかし固体物理学の理論家として有名になっていたので,1937(昭和12)年にはバーミンガム大学の教授になることができた.

1938(昭和13)年には核分裂の発見があり,パイエルスも原子核の理論に興味をもつようになった.

フリッシュはユダヤ系のオーストリア人である.ハンブルク大学でステルンの指導をうけた後,コペンハーゲンのボーア研究所に移る.

核分裂の研究で有名なマイトナーの甥で彼も核分裂の実験的研究をおこなっ

---

[1] R. Peierls (1907～1995)

た．

"核分裂"という名前はフリッシュがつけたものである．

フリッシュ-パイエルスの覚書の中では原子爆弾をつくるのに必要な U235 の量を計算し，どのような構造にすれば原子爆弾がつくれるか…というところまで述べてあった．

その後フリッシュはリバプール大学に移り，チャドウィックと共同して研究をつづけることになる．

フリッシュ-パイエルスの覚書の内容は G. P. トムソン[1]に伝えられ，原子核物理学者のコッククロフト，チャドウィック，オリファントらが王立学会に集まってこの問題を討議した．1940(昭和15)年4月に第二次大戦は始まっていた．

6月には航空機製作省 MAP の中にウラニウム問題委員会ができ，MAUD の名前で，トムソンとコッククロフトが責任者となりウラニウムの戦時利用を正面から取り組むことになった．

U235 と同じように核分裂をする原子核にプルトニウム Pu239 がある．これは天然には存在せず，人工でつくられたものである．U238 に中性子があたると U239 の原子核ができるが，これは β 線を出してネプツニウム Np239 の原子核になる．これも β 線を出して Pu239 になる．

Pu239 の核分裂が発見されたのは 1941(昭和16)年の1月で，米国の物理学者達の努力による．

シーボルグ[2]，セグレ[3]達はバークレーのサイクロトロンを使って Pu239 をおよそ1マイクロ・グラムつくって実験に成功した．

原子爆弾について米国の物理学者達はあまり関心をもたなかった．ドイツやイタリアから逃げてきた物理学者達が強く原爆の製造を主張したのであった．その代表的な人物がハンガリー生れのジラード[4]であった．彼は有名なプランクの弟子で，ナチスをきらって英国にのがれた．

---

[1] G. P. Thomson（1892〜1975）   [2] G. T. Seaborg（1912〜 ）
[3] E. Segré（1905〜1989）   [4] L. Szilard（1898〜1964）

彼は英国で原子核物理の研究を始めたが，米国にわたり友人であるノイマン[1]，ウィグナー[2]，テラー[3]らと活動を開始した．その上にいたのがフェルミ[4]である．

フェルミはピサの大学をでるとゲッチンゲンの大学に留学した．ここには理論物理学の大家ボルンがいた．それからライデン大学に留学し，1927(昭和2)年からローマ大学の教授になった．

ニュートリノの存在を仮定してβ線の理論を発見したのは1933(昭和8)年であったが，この年はヒトラーがドイツで権力をにぎった年でもあった．

1936(昭和11)年にはローマ・ベルリン協定が結ばれナチスの勢力がイタリアに入り始め，ユダヤ人への迫害が始まった．

フェルミ家はユダヤ系ではなかったが，夫人がユダヤ系であったので，フェルミ家にも危険がせまってきた．

フェルミは実験物理学者としてもすぐれており，中性子を使った原子核の研究で1938(昭和13)年にはノーベル物理学賞をもらった．12月にコペンハーゲンで行われた授賞式の後はイタリアに帰らず英国にわたり，1939(昭和14)年1月にフェルミ一家はニューヨークに脱出した．

ニューヨークではコロンビア大学に招かれて教授になった．ここで彼がとり上げたのは核分裂の問題である．

分離したU235を使った実験と，分離しないままで核分裂をおこすことができないかという研究である．特にフェルミが力をいれたのは後者であった．

パリでもジョリオ・キュリーらが同じ問題を重要視していた．1940(昭和15)年3月には，ノルウェーの重水を買い占め英国経由でパリに送り，ジョリオ・キュリーの研究所付近の安全地帯に貯蔵して核分裂の実験を秘密裡に開始した．

6月にはドイツ軍がパリに近づいてきたので重水はボルドーに送られ，そこから貨物船で英国へ送られた．しかしジョリオ・キュリーはパリに踏み止まっ

---

[1] J. von Neumann (1903～1957) [2] E. P. Wigner (1902～1995)
[3] E. Teller (1908～) [4] E. Fermi (1901～1954)

ていた．

　12月頃，英国ではチャドウィックらがまだ結論を出しかねていた．それは原子爆弾をつくるためのウランの最小量（臨界質量）がわからなかったためである．

　ジラードその他の物理学者は，アインシュタインに依頼してルーズベルト大統領に手紙を出してもらい，核分裂の研究を大いに促進させてほしいとのみこんだ．1939(昭和14)年8月であった．

　そのためか翌年の2月には6千ドルの研究費がコロンビア大学におくられた．その頃の米国の物理学者はレーダーの研究，改良が急がれていたので原子爆弾の方にはあまり関心がなかった．

　しかし，1940(昭和15)年6月には有力な国防研究委員会NDRCが組織され，委員長にはブッシュ[1]が就任した．

　ブッシュは電気工学者で，1919(大正8)年にマサチューセッツ工科大学(MIT)の助教授になった．教育に非常に熱心で，1920年代の米国の電気技術者の3分の1はMITでブッシュの教えを受けたといわれる．

　彼は数学が得意で，電気工学用の特別の計算機を発明したが，電子計算機が現れるまではたいへん立派なものであった．

　MITの副学長をつとめ，1939(昭和14)年にはカーネギー研究所の所長になった．

　1940(昭和15)年にチザード使節団が米国にわたったことは先に述べたが，この時コッククロフトも同行した．米国の原子核物理学者達と会って話しあってみると，原子爆弾にはあまり興味がないようであった．

　コッククロフト自身もチザードも，1939(昭和14)年春までは原子爆弾の可能性を信じていなかったようである．しかし，ドイツ軍幹部がこの問題を重要視しているというニュースは耳にしていた．

　1941(昭和16)年12月，日本海軍によるハワイ空襲があると状況は一変する．物理学者達は原子爆弾製作の可能性を完全には信じていなかったが，全力

---

[1] V. Bush（1890〜1974）

をあげて実現しようということになった．A. H. コンプトン，ユーリー，ローレンスらも集まってきた．1942(昭和17)年9月には，いわゆるマンハッタン計画が始まった．グローブス将軍[1]がその最高責任者になった．

彼は陸軍の軍人であるが，ワシントンの有名なペンタゴンをつくりあげた実績があり，組織力にもひじょうにすぐれていた．

大学ではコロンビア，バークレイ，シカゴの研究室が協力することになった．特にシカゴではフェルミが連鎖反応の実験を始めた．核分裂がおきても連鎖反応がなければ原子爆弾はできないからである．

シカゴ大学の運動場に6トンのウラニウムと50トンの酸化ウラニウム，400トンのグラファイトを積みあげた．これは世界最初の原子炉である．連鎖反応が初めて起きたのは，1942(昭和17)年12月2日であった．

原子爆弾にU235を使ってもプルトニウムを使うにしても，kgの単位の量が必要である．

シカゴ大学では，秘密を保つために世界最初の原子炉のある建物には冶金学研究所という名前をつけた．

そこでプルトニウムを大量に分離する方法が明らかになったので，化学工業で有名なデュポン社があとを引き受けた．

U235の分離は重水素の発見者ユーリーらの指導でケレックス社その他の化学工業関係の会社が引き受けた．

1942(昭和17)年9月には，英国も原子炉でプルトニウムをつくるパイロット・プラントをカナダにこしらえた．場所はモントリオール大学内である．

パリから脱出してきたハルバン[2]を責任者として，カナダ人も協力することになっていた．これにフランスから米国に脱出していた物理学者オージェ[3]，ハルバンの友人でチェコ生れの有名な理論物理学者プラクチェク[4]らが加わった．

1943(昭和18)年8月にはチャーチルとルーズベルトがケベックで会談し，

---

[1] L. R. Groves (1896〜1970) [2] Hans von Halvan
[3] P. V. Auger (1899〜　) [4] G. Placzek

英国，カナダ，米国はウラニウムに関する全ての問題は密接に協力することになった．

モントリオール大学内の原子炉は米国の援助で重水を使用することになり，1944(昭和19)年4月からはコッククロフトが責任者になった．ハルバンはフランスに帰る．

コッククロフトは今までこのような研究には経験がなかったので，5月にはシカゴのA. H. コンプトンを訪問して援助をたのんだ．

それからオーク・リッジ，テネシーにいき，グラファイト使用の原子炉を見学してまわった．重水とウラニウムは米国が供給してくれることになったが，プルトニウムを分離する方法は教えなかったので，独自に開発することになった．

新しく原子炉つきの研究所をつくることになった．コンプトンやグローブス将軍の意見を参考にしてオタワの北西210 kmにあるチョーク・リバーの森のなかに決まった．

1944(昭和19)年8月にはカナダ政府の許可もでたので，コワルスキー[1]を主任として実験用原子炉の建設にとりかかった．彼もパリからの脱出者であった．

グローブス将軍の好意で5トンの重水が入手できた．化学者としてはリーズ大学からスペンス[2]がきて，プルトニウムの分離を受けもつことになった．

コッククロフトは放射線傷害にも注意し，ポロニウム・ベリリウムから出る中性子を使った生物実験をやり，プルトニウムの毒性にも気を配っていた．

1944(昭和19)年頃には研究員はおよそ130人になり，出身地も英国，カナダ，フランス，ニュージーランドなどであった．物理学，化学，生物学の専門家のほかに技術者もいたが，カナダの工業水準の低さのため建設はなかなか進まなかった．

1945(昭和20)年になると米国へたびたび出かけて情報を集め，チャドウィックともよく連絡をとっていた．しかしマンハッタン計画には関係せず，アラ

---

[1] Lev Kowarski（1907〜1979）　　[2] R. Spence

モゴロドの最初の原爆実験にも立ちあわなかった．

　広島への原爆投下の3日前にワシントンで重要会議があったときにはチャドウィックとともに出席していた．

　コッククロフトはチャドウィックとちがい原爆製造には熱意がなく，原子エネルギーの平和利用に関心があったようである．

　天然にあるウラニウムは酸化物になっているので，それをまず塩化物に変え，さらにフッ化物にすると UF_6 になるが，これは気化しやすい物質である．

　気体になった UF_6 から U238 と U235 を分離するには，熱拡散，気体拡散，遠心分離，電磁場の利用という4種類の方法があるが，米国では気体拡散法がおこなわれた．

　気体拡散法を初めて試みたのはドイツの物理学者 G. ヘルツ[1]で，ネオンや水素について実験している．

　この方法は英国で実用化された．気化した UF_6，これはヘックスと呼ばれるが，多孔質の物体を通過させると U235 のヘックスの方が U238 のヘックスより通過しやすい性質がある．したがって，これをくりかえせば U235 が増してくることになる．

　この方法は英国のオックスフォード大学にあるクラレンドン研究所が実用化したものである．そしてこの研究所のシモン[2]が選ばれて U235 の分離の研究をすることになった．彼はユダヤ系のドイツ人で，ナチスの目をのがれて1933(昭和8)年にオックスフォードにきた．物理化学者であるが低温物理学者としても有名である．

　1941(昭和16)年には MAUD 委員会が"原子爆弾は製作可能"という結論をだし，それを実施するために"導管用合金"をつくるという名目の委員会をつくった．これは秘密保持のためで，委員長には化学工学の ICI 社の研究所長エイカース[3]が選ばれた．

　英国生れの物理学者はすでに軍事研究に動員されていて，主としてレーダー

---

[1] G. Hertz (1887〜1975)　　[2] F. E. Simon (1893〜1956)
[3] W. A. Akers

の研究に従事していた.

パイエルスはこの委員会の重要メンバーであり，1941(昭和16)年5月からはフックスが彼の助手をつとめることになった.

パイエルスとフックスの仕事は原子爆弾に使用するU235の質量の計算と，U235を分離する装置の設計である.

分離法は気体拡散と決まったので，北ウェールズに試験工場がつくられた.

1942(昭和17)年の春にはエイカース，シモンらは連絡のために米国に出かけたが，この時点では英国の技術が米国よりは進んでいたようであった.

これは，英国の眼の前にあるドイツ，フランスが同じような計画をおしすすめており，広く大西洋をへだてた米国とは大いに事情がちがっていたためであろう.

核分裂の問題をドイツで最初に専門的にとりあげたのは理論物理学者のフリューゲ[1]で，一般の読者向けの雑誌でも"ウラニウム機関"ができれば大量のエネルギーが自由に使用できる……と報道した．1939(昭和14)年6月であった.

ウラニウム機関は今日の言葉でいえば原子炉になるだろう.

ハンブルク大学の化学者ハーテック[2]はドイツ陸軍の火薬問題について顧問をしていたが，1939(昭和14)年4月には原子爆弾の可能性をみとめ軍部に進言したところ，8月にはベルリンで会議を開き検討することになった．9月にはドイツ軍のポーランド侵入が始まる.

10月には軍部がカイザー・ウィルヘルム研究所の主導権をにぎり，ディーブナー[3]が責任者となる．彼は原子物理学の専門家であり，爆発現象についても大家であった．そして原子力関係の研究が始まる.

化学関係の研究はハーテック，実験物理の面ではボーテ[4]，理論物理ではハイゼンベルクが依頼された.

ハイゼンベルクは当時ライプチヒ大学の教授であったが，カイザー・ウィル

---

[1] S. Flügge   [2] P. Harteck
[3] K. Diebner   [4] W. Bothe （1891〜1957）

ヘルム研究所の顧問もしていた．そして 1940(昭和 15)年 2月には U235 の連鎖反応の理論を完成していた．

これを実現するとなると U235 を分離しなければならないが，ドイツは前に述べた熱拡散の方法を試みた．

これは，1938(昭和 13)年にミュンヘン大学の化学者クルジウス[1]とディッケル[2]が考案した方法である．

混合気体を直立した管に入れ，一方の壁を熱し，一方の壁を冷やすと軽い気体は温度の高い方に移動し，重い気体は温度の低い方に移動する．そして軽い気体は上に向かい，重い気体は下に向かうから分離が可能になる．

この原理でクルジウスとディッケルは塩素の同位元素の分離に成功した．塩素には Cl 35 が 76%，Cl 37 が 24%ある．

この方法をウラニウムに試みるとすると，気体にしなければならないので，前にも述べたヘックスをつくった．

ヘックスの気体は強い腐食性があるので，それを取り扱うには適当な材料を見つけなければならないが，これは化学工業で有名な IG 色素社の努力でニッケルが適当ということになった．

1940(昭和 15)年頃には準備ができたのでハーテックが実験した結果，この方法はひじょうに有効であるのが明らかになった．1941(昭和 16)年の春である．

しかし実験をつづけていくうちに，クルジウス-ディッケルの装置ではヘックスは不安定となり，同位体の分離は不可能であるという結論に達し，1941(昭和 16)年の夏には他の方法をさがさなければならなくなった．この熱拡散法は英国でも試みられたが，間もなく欠点が明らかになったので短期間の実験でやめてしまった．

仁科研究室で U235 分離の実験が始まったのは 1943(昭和 18)年の秋で，クルジウス-ディッケルの熱拡散法であった．

アルゴンを使ったテストが実行されたのは 1944(昭和 19)年の春であったが，

---

[1] K. Clusius　　[2] G. Dickel

その結果については前にも述べたようにあまり良い結果ではなかった．

それでも分離装置の製作は進んで理研以外に大阪帝大にもつくられた．S少佐の指導によるものである．

ヘックスは日本でもできるようになっていたが，分離は難航して，1945(昭和20)年2月の時点でも成功しなかった．

その頃になると都市ガスは1日おきにしか実験室にこなくなった．ガスがきてもマッチがないので電気ヒーターで紙くずに火をつけ，それからブンゼン灯に点火するという状況になっていた．

実験室を整理していたら角砂糖が1個でてきたので，それを紅茶に入れて5人で飲んだ．

1945(昭和20)年3月の東京空襲で理研のU分離装置は全壊したが，大阪のは無事で終戦まで動いていた．しかし4月には東京にあったヘックスが空襲で焼失してしまった．

日本の陸軍が核分裂に着目したのは1941(昭和16)年で，諸外国に比べておそくはなかった．当時，陸軍航空技術研究所長の安田武雄中将は仁科芳雄氏にウラン爆弾の研究を依頼している．

これに対して仁科さんは"技術的には可能である"と答え，1943(昭和18)年から理研で研究が始まったのは前に述べた．

海軍では技術研究所の伊藤庸二氏がこの問題をとりあげ，"物理懇談会"という名前で委員会をつくり，仁科さんが委員長になり長岡半太郎先生，菊池先生ら10人の委員が選ばれた．

このときの仁科さんの結論は"理論的には可能であるが実現にいたるまでには多くの困難があるだろう"という内容で，1943(昭和18)年3月のことであった．

その後，海軍は東大の荒勝文策教授の協力で研究が始められた．1945(昭和20)年7月に琵琶湖の近くのホテルで会合があり筆者も出席した．

その時は湯川先生の顔もみえたが，U235の分離に超遠心分離機を使用する計画であった．技術者としては北辰電機から出席があった．

その頃，北辰電機はジャイロ・コンパスをつくっていた．それで思い出すの

はドイツの計画である．

　いち早く熱拡散法に見切りをつけたドイツは超遠心分離機の使用に切り換えた．製作を引き受けたのはアンシュッツ[1]・ジャイロスコープ社である．

　この会社はヘルマン・アンシュッツ・ケンペがつくった．彼は北極付近で使えなくなる磁針のかわりをさがしてジャイロスコープに到着した．

　ジャイロスコープは航海，航空に欠くことができない方向指示器として今日では広く使われている．

　アンシュッツ社のあるキールはハンブルクに近い．ハンブルクの大学には先に述べたハーテックがいた．

　そのような関係でハーテックがU235分離に超遠心分離機を使用することを軍部に進言したところ，1941(昭和16)年秋には実現した．

　どれだけU235を集めたら原子爆弾になるか，これは臨界質量とよばれているが，ドイツでは10～100 kgと計算していた．1942(昭和17)年1月での値である．

　米国は1941(昭和16)年12月には2～100 kgと計算していたが，日本では終戦まで限界量は明らかにされなかった．仁科研究室で計算はされていたようであったが数値は耳にしなかった．

　臨界質量の大きさを知ったドイツはU235による原爆の製作はあきらめ，超ウラン元素の使用を考えた．

　1940(昭和15)年の夏にはドイツの物理学者ワイツゼッカー[2]達は超ウラン元素の核分裂について充分な知識をもっていた．

　この超ウラン元素は前に述べたPu239であるが，それをつくるには原子炉が必要である．原子炉には中性子をおそくする減速物質が必要である．

　減速物質には炭素がよいとされていたので，ハーテックはドライ・アイスを使ってみたが失敗に終わった．これは1940(昭和15)年のなかごろであった．

　ハイデルベルク大学の物理学者ボーテはグラファイト(黒鉛)で実験した

---

[1] Anschütz
[2] Carl Friedrich von Weizsäcker (1912～　)

が，これもうまくいかなかった．その後グラファイトから不純物をのぞけばよいということが明らかになったが，純粋なグラファイトは，経済的な立場からとても製造ができないのがわかった．

そしてハイゼンベルクの意見にしたがい，重水を使用することになった．重水はノルウェーのノルスク・ヒドロ社でできるが，ノルウェーは1940(昭和15)年4月にはドイツ軍に占領されていた．

重水を使った第1号試験原子炉は，1940(昭和15)年の夏にライプチヒ大学につくられた．ここではハイゼンベルクが教授をつとめていた．

中心に中性子源をおき，アルミニウムでつくった球形の器の中に重水を入れその外側に酸化ウランをおいたものであった．

この実験が成功したので，半年のちには少し大型の試験炉をベルリンにつくった．指導者はハイゼンベルクであるが，重水は当時ドイツには150kgしかなかった．

その頃の計算で，ドイツで必要とする原子炉をつくるには5トンの重水を用意しなければならなかった．

ハイデルベルクのボーテのところでは，原子核に関する定数の測定をしており，ミュンヘンのクルジウスの研究室は，同位体分離と重水製造の研究をしていた．

ベルリンのハーンのところでは超ウラン元素，核分裂後の元素などの研究をしており，ハンブルクでは重水の製法，同位体分離について研究していた．これが1940(昭和15)年頃のドイツの現状であった．

ワイツゼッカーは少年時代からハイゼンベルクを知っていた．ワイツゼッカーの父はドイツの外務省の役人で，デンマークの大使をつとめていたとき，ハイゼンベルクはコペンハーゲンのボーアの研究室にいたからである．

そのような関係で，1930(昭和5)年代のなかごろにはライプチヒ大学のハイゼンベルクの助手になっていた．

1938(昭和13)年に，ハーンらによる核分裂の発見があると，ライプチヒ大学にいち早くこのニュースを伝えたのもワイツゼッカーであった．その頃，彼はベルリンのカイザー・ウィルヘルム研究所にいた．

1940(昭和15)年から1941年にかけては，ドイツ軍の作戦が大成功をおさめていたから，原子核分裂の研究や原子爆弾の製造はあまり問題にならなかった．

　1941(昭和16)年10月の状況では，全ヨーロッパはほとんどドイツの勢力下にあり，英国は孤立しており，米国は中立，ドイツ軍はスターリングラード，モスクワに迫っていたので，戦争は間もなくドイツの大勝利でおわるだろうと思われていた．しかし12月になると少し怪しくなってきた．

　ロシア軍が大反撃に出てきて，ドイツ軍はモスクワ近くまで進みながら退却しなければならなくなった．そして核分裂や原子爆弾の問題が重要視されるようになった．

　軍部内で有力な地位にいたシューマン[1]の呼びかけで関係のありそうな科学者達が集められた．1941(昭和16)年12月である．

　シューマンはカイテル将軍の科学顧問であり，有名な作曲家シューマン，R. A.[2]の孫である．当然のことであるが音響学の大家である．しかし核分裂のことはよくわからないので，軍部内の物理学者ディーブナーに一任していた．

　軍部と密接な関係がある専門家は原子力，原子爆弾の問題を重要視し，ハイゼンベルク，ハーンらの学者は慎重な態度を保っていた．

　ハイゼンベルクが後に語ったところによると，"原子爆弾は理論的には可能である．しかし多くの研究者の協力と大きな工業力が必要であり，今の戦争には間に合わない"と考えていた．

　特に戦況が急激に悪化した当時，ヒトラーは命令を出して数か月以内に結果が出ないような計画はすべて中止させた．

　1942(昭和17)年2月には，シューマンの主唱で各界の代表者を集めて核分裂を主題にした通俗講演会を開いた．

　シューマンは"武器としての原子核物理学"，ハイゼンベルクは"ウラニウムの原子核分裂によって得られるエネルギーに関する理論"，エゾー[3]は"核

---

[1]　Erich Schumann　　[2]　R. A. Schumann (1810〜1856)
[3]　Araham Esau

物理学者は政府の各機関および工業界と密接な関係をとるべきだ"と話した．彼は応用物理学者である．

その他ハーン，クルジウス，ハーテックらの講演もあった．これらの講演については後に"物理学と国防"という題目で新聞にあらわれたが，原子核とかエネルギーなどの言葉は使われず現代物理学がいかに国防や経済に深く関係しているかを説くにとどまった．

6月にはスペル[1]の呼びかけで軍の幹部の核物理学者の会合がベルリンで開かれた．スペルは建築家であったが，ヒトラーにみとめられて造兵関係の最高責任者になっていた．核物理学者の中には当然のことながらハイゼンベルクが出席していた．

軍部からの質問は原子爆弾の実現可能性，完成の見とおしであったが，ハイゼンベルクの答えは例のごとく"可能性はあるが多くの物量，人材，年数が必要である"と述べた．

そしてまず必要なことは，"戦線に出されている物理学者を研究室に帰すこと，次に基礎研究に必要なサイクロトロンをつくりたい"と答えた．

当時サイクロトロンをもっていた国は，米国がもっとも多く，次が日本で，ヨーロッパではフランスであった．

この会合でスペル達はドイツ内の核分裂研究の現状がよく理解できたらしく，基礎研究の重要さをみとめた．

その頃ドイツでは原子炉について二つの意見があった．ハイゼンベルクらは天然ウランと重水を利用すればよいと考え，ハーテックらはウランと普通の水あるいは少量の重水を使用する方法である．

ハーテックは，遠心分離機によるウランの濃縮法の可能性を考えていたからである．実際に彼の研究室ではキセノンの同位体の割合をかえる実験にも成功しているし，ウラニウム235についても，少量ながらある程度の成功をおさめていた．

1942(昭和17)年5月には，軍需工業の大会社クルップからハイゼンベルク

---

[1] Albert Speer

の研究に援助の申し出があったが,彼は研究が秘密におこなわれていることと,まだその時期でないと判断してその申し出をことわった.

文部大臣ルスト[1]の世話で国民研究会議がつくられていたが,それを実際に動かしていたのがエゾーであった.

1942(昭和17)年12月にはゲーリング[2]によってエゾーは核物理学関係の最高責任者にされた.ゲーリングはナチスでヒトラーに次ぐ位置にある軍人であるから,エゾーは核力に関する企画の全てについて最高の権力をもたされたことになる.

ハイゼンベルクらが属していたカイザー・ウィルヘルム協会は古い歴史をもちながら,核力に関してはエゾーらの国民研究会議より下級の組織となった.

兵器行政に関する大臣をつとめていたスペールはカイザー・ウィルヘルム協会を後援していた.

核力問題でこのようななわばり争いをしている間に,戦局はますます悪化してきた.ロンメル将軍は北アフリカで退却をつづけているし,1943(昭和18)年5月にはデーニツの潜水艦隊が活躍をあきらめた.2月にはスターリングラードでドイツ軍は降服していた.

戦局が悪くなると原子爆弾の問題が重要性を増してくる.エゾーが所長をしている物理工学研究所には核分裂の研究をつづけているディーブナーとその部下が集められた.彼は核分裂研究者の事実上の最高権力者である.

一方,ハイゼンベルクは核物理学者の意見も尊重しなければならないとする重電業界の有力者にたのまれて,空軍大学で講演しなければならなくなった.1943(昭和18)年5月である.

その時ハイゼンベルクは核分裂研究の重要性を述べ,原子力エネルギー利用の将来についても有望性を説明したが,今のドイツの現状では実現はひじょうに困難であるとの見とおしを述べた.しかし,原子爆弾についてはふれなかった.

ディーブナーは若い物理学者達を集めて,ベルリンのゴトーにある陸軍研究

---

[1] Bernhard Rust   [2] Hermann Göring

所で独自の原子炉をつくり研究を始めていた．初めは酸化ウランとパラフィンを使っていたが，後には金属ウランと重水の原子炉にした．

立方形にしたウランの多くの個体を重水のなかに吊るすという方法である．ハイゼンベルクの指導している原子炉は金属ウランの板と重水を交互に配置してある．

いずれにしても大型の原子炉をつくるとなると大量の重水が必要なので，ドイツの現状では困難な問題である．そこでエゾーの世話で原子炉の型を決める会議が開かれた．

この会議にはボーテ，ハーテック，ハイゼンベルク，ディーブナーらの権威者が出席した．1943(昭和18)年5月であった．いろいろと検討されたが結論は出なかった．しかしハイゼンベルクの方が少し不利であった．

1944(昭和19)年1月になると，エゾーの代わりにゲールラッハ[1]が核問題の最高責任者になった．これはスペールらの進言によりゲーリングが任命したものである．

ゲールラッハはドイツの代表的な物理学者であるが，ミュンヘン大学の教授をしていた．しかし海軍関係の研究をたのまれていてベルリンにいることが多かった．

ディーブナーとハイゼンベルクの原子炉問題については，重要な戦時研究としてどちらにも充分な援助をすることに決定した．ゲールラッハとしては潜水艦の推進用として使用できるのではないかと考えていたようである．

ハンブルクのハーテックのところでは，遠心分離器の改良をつづけて複式遠心分離器を考察した．1943(昭和18)年2月である．

しかし連合軍の空襲がはげしくなり，ハンブルクでは研究がつづけられなくなったので，新型の分離器はドイツの西南部にあるフライブルクでつくることにした．この装置は成功して，1943(昭和18)年の終わり頃には5%の濃縮U235が毎日7.5グラムできるようになった．そのうちにフライブルクも危険になってきたので近くのカンデルンに移動しなければならなくなった．

---

[1] Walther Gerlach

ハイゼンベルクのいるカイザー・ウィルヘルム研究所の物理部門は，シュツットガルトの近くの小都市ヘチンゲンに移転した．1943(昭和18)年9月である．

　その頃になるとハイゼンベルク，ゲールラッハらは科学者達の安全と将来について心配しなければならなくなった．その結果多くのドイツ人と同様に東から接近してくるロシア軍より西からくるアメリカ軍の方向に向かって研究設備を移動するようになった．

　1943(昭和18)年のクリスマスの頃にはライプチヒも空襲をうけてハイゼンベルクの実験室も破壊され，住宅もなくなった．

　ベルリンも空襲されてはいたが，カイザー・ウィルヘルム研究所の物理部門は比較的に損害が少なく，特に核分裂の研究室は地下にあったため安全であった．

　ハーテックのいるハンブルクでも同様で，1944(昭和19)年の10月になると研究用資材を運ぶために自転車を用意しなければならなくなった．特に研究者を召集から守らなければならなくなった．これは14歳から60歳までの全ての男子は防衛軍に動員されることになったからである．しかしゲールラッハらの努力で核分裂関係の研究者はある程度は確保された．

　特に国民社会主義労働組合の最高幹部ボールマンに向かっては，アメリカ国内の核分裂研究の状況を説明し，ドイツの研究が切実な大問題であり，研究者の確保を依頼した．

　科学者，技術者の確保についてはナチスの幹部も理解を示し，最高幹部の一人ヒムラーの命令で14,000人の召集を解除していた．

　しかし実際の原子炉の研究は1944(昭和19)年の初め頃から困難になってきた．これは重水が不足してきたからである．

　ノルウェーからの重水供給は1940(昭和15)年4月にドイツ軍が侵入してから間もなく始められた．これはドイツの化学工業の大会社IG色素社が引き受けた．1941(昭和16)年12月には年産1トンの規模になっていた．しかし1942(昭和17)年の春からは電力不足で重水の生産量は次第におちてきた．

　1942(昭和17)年夏のドイツの計画では，5トンの重水と10トンの金属ウラ

ンがあれば必要な大きさの原子炉ができることになっていた.

しかし,ノルウェーではドイツ人支配に対する不平から重水工場ではストライキがおきていた.1943(昭和18)年2月には工場が爆破された.これは英軍の秘密部隊によるものである.

爆破された工場はドイツ人によって4月には再建されたので,11月には大規模な空襲をおこなった.100機以上のアメリカ空軍のB17が約400トンの爆弾を落とした.

重水工場は全壊したので,残された生産設備はとりはずされてドイツへ送られた.残っていた重水600 kgはドイツへ輸送中,運搬船が撃沈されてしまった.

ノルウェーからの重水がこなくなったので,同盟国イタリアからの供給も考えられたが,ドイツの原子炉に使えるだけの量は得られなかった.

あとに残るのはドイツ国内での製造であるが,ハーテックらがまず考えたのは触媒を使う方法である.しかし実際に重水を製造するIG色素社との交渉がうまく進まなかった.

次の方法は液体水素を蒸溜して重水素をつくり,それから重水をつくる方法である.この方法にはガス工業の大会社リンデが協力することになったが,リンデ社のあるミュンヘンが1944(昭和19)年末に大空襲を受けて工場が破壊されてしまった.

このようなことから天然ウランと重水を使うドイツの原子炉は,濃縮ウランと軽水を使う原子炉に変更せざるを得なくなった.

幸いにして前からハーテックが試みていた遠心分離器が,1944(昭和19)年3月の終わり頃には理論値の70%までU235の濃縮ができるようになった.おそらく1945(昭和20)年の始めには,充分な量の濃縮ウランが得られると思われていた.

しかし,1944(昭和19)年7月にキールが空襲を受けアンシュッツの工場が破壊されてしまったので,遠心分離器もフライブルクでつくらなければならなくなった.9月になるとフライブルクの近くまで戦線が迫ってきたのでハンブルクの南方にあるセルレに移転した.

1945(昭和20)年の初めにはセルレで遠心分離器が動くようになり、春の終わり頃には15%まで濃縮されたU235が毎日50グラム得られるようになった。

ベルリンのカイザー・ウィルヘルム研究所ではウランと重水による原子炉の研究がつづいていたが、危険になったので近くのハイガーロッホにある岩穴の中で実験をしなければならなくなった。

ディーブナーはベルリンの南にあるスタトチルムに研究所を移し、ウランと炭水化物アミレンを使う原子炉を計画した。これはハーテックの意見をとり入れ重水を使わない方法によるものであったが、実験ができるところまで進まなかった。

ハイガーロッホでは原子炉内の連鎖反応が継続して起こり得る一歩手前まで到達した。1945(昭和20)年の3月である。しかし研究用資材の補給も運搬も不可能になってしまった。

ドイツの原爆製造を心配していた米国は、特別の組織"アルソス調査団"をつくった。1943(昭和18)年の終わり頃である。アルソスとはギリシア語で小さな森という意味である。

団長は軍人のパッシュ[1]で米国の戦時研究の最高責任者ブッシュ、物理学者ハウトスミット[2]も重要なメンバーであった。

アルソス調査団は1943(昭和18)年12月にイタリアに入った。イタリアはその年の9月に連合軍に降伏していた。

ローマでは二人の物理学者アマルジ[3]とウィック[4]に会って、ドイツの原爆に関するニュースを得ようとしたが何も得られなかった。二人はフェルミの弟子であるがドイツに留学してハイゼンベルクの研究室にいたことがある。

1944(昭和19)年8月15日に連合軍がパリに入ると、引きつづいてアルソス調査団もパリに入った。25日の午後、パッシュはカレジ・ド・フランスの中でジョリオ・キュリーを発見した。3日後には、ロンドンからきたハウトスミットがジョリオ・キュリーに会い、ドイツの原爆研究の状況について質問した。

---

[1] Boris Pash [2] Samuel Goudsmit (1902〜1978)
[3] E. Amaldi [4] G. Wick (1909〜)

9月4日にはジョリオ・キュリーはロンドンに送られ，英国の原爆関係者から詳細な質問を受けることになった．その中には中性子の発見者チャドウィックもいた．

　ジョリオ・キュリーはパリの金物商の家に生れた．初めはエンジニアになるつもりで工業学校に入ったが，つづいて物理学・化学学校に入る．ここはキュリー夫妻がラジウムを発見したところである．

　ジョリオ・キュリーは物理学専攻を選び，有名な物理学者ランジュバン[1]の指導を受けた．彼の推薦でラジウム研究所のキュリー夫人の助手となり，夫人の長女イレーヌと結婚した．それからジョリオ・キュリーと名のるようになった．夫妻は共同研究者である．それまではフレデリック・ジョリオであった．

　1932(昭和7)年にはチャドウィックに一歩先んじられたが，ほとんど同時に中性子を発見した．中性子を使うと多くの元素を放射性にすることができる事実を発見したので，1935(昭和10)年にはノーベル化学賞をもらった．

　1936(昭和11)年からイレーヌはソルボンヌ大学のキュリー・ラジウム研究所の所長になり，フレデリックはカレジ・ド・フランスの教授になった．これは1937(昭和12)年であるが，それ以来，夫妻は共同研究者でなくなった．

　イレーヌは1938(昭和13)年9月から核分裂の研究を始めたが，フレデリックも間もなく同じような研究を始めた．しかし，1940(昭和15)年6月にはナチスの軍隊が入ってきたので研究をつづけることはできなくなった．

　その少し前に，実験用に準備していた重水200リットルは英国に送りとどけていたが，ジョリオ・キュリーはパリにとどまっていた．ドイツ軍がカレジ・ド・フランスの彼の研究室にきたのは8月である．

　ハウトスミットの質問に答えて彼はいろいろのことを語っているが，その一つに5月にロンドンに行き，原子炉，原子爆弾について彼の意見を述べている．これはアルゼイにできていた自由フランス委員会に秘密にたのまれたためである．実際に英国ではジョリオ・キュリーの研究室にいた人達が原子爆弾の計画に従事していた．

---

[1]　P. Langevin (1872〜1946)

ハルバンとコワルスキーである．ハルバンはオーストリア系でチューリヒで物理学をおさめた後パリにいく．

コワルスキーはロシア人である．二人ともジョリオの研究室にいたが重水を英国に移したときにケンブリッジにいき，その物理学者達と重水を使った研究をつづけることになる．

ドイツでは原爆はつくれないだろうというのもジョリオの見解であった．彼の研究室にはサイクロトロンもあったが，ドイツの物理学者に使用を許可している．

ディーブナーを始めとして，多くのドイツの学者がジョリオ・キュリーの研究室に出入りしていたこともハウトスミットに話している．

反ドイツ軍のゲリラ活動にも参加し，危険をおかしながら運動をつづけた．

アルソス調査団は9月5日にブラッセルに入った．鉱業組合の事務所を調べてみると，大量のウラン鉱石がドイツによって持ち出されているのがわかった．しかし少量ではあるがベルギー国内にはウラン鉱石が残っていたので，英国を経てアメリカに送られた．

ハウトスミットは，少しの暇をみつけて故国のオランダを訪ねた．彼はハーグで生れ，ライデン大学の大学院の頃ウーレンベック[1]とともに電子のスピンに関する論文を書き有名になった．1925(大正14)年である．

米国から招かれてミシガン大学の教授になり，第二次大戦が始まるとマサチューセッツ工科大学の輻射研究所に移り，戦時研究に従事することになった．

オランダにいき有名な電気器具メーカーのフィリップス社を調べると，ドイツのストラスブルク大学の注文で原子核関係の研究用具を納めたのが明らかになった．

アルソス調査団がストラスブルクに入ったのは11月29日である．大学にはワイツゼッカーらの物理学者がいて核分裂の研究をしていたが，調査団が入ったときは主役の物理学者達は逃走したあとであった．

しかしフライシュマン[2]が残っていたのでハウトスミットは彼に質問するこ

---

[1] G. E. Uhlenbeck (1900〜1988)   [2] R. Fleischmann

とになる．彼の答によると研究は基礎的な問題にかぎられており，同位体分離の実験もチッ素と炭素に関したものであり，U235の問題には何もふれていなかった．

物理学教室に残っていた書類を調べてみると，ドイツ国内の核分裂研究のおよそのことが明らかになった．軍事的な目的をもつ研究，原子力の経済的効果などについての研究がおこなわれていたが規模は小さいこと，原子爆弾の製造より原子炉の製作に重点をおいていることなどが明らかになった．

ストラスブルクでの調査の結果から，ドイツの原子爆弾製造は不可能であるとハウトスミットはワシントンに報告した．

ストラスブルクの調査でウラン工場がオラニエンブルクにあるのが明らかになったので，1945(昭和20)年3月15日には600機のB17で空襲して完全に破壊してしまった．この工場はロシア軍によって占領される恐れもあったからである．

3月末日にはハウトスミットがハイデルベルク大学に入りボーテに会った．ここではサイクロトロンを使って原子核の研究が研究がおこなわれていた．ボーテは戦前からハウトスミットの友人である．原子爆弾の製造とは直接に関係のない研究が進められていた．しかし，ゲールラッハとは密接な関係をとっていた．

ボーテはベルリン大学の卒業で，ギーセンとかハイデルベルクなどで大学教授をつとめた．ガンマ線の研究で有名で，1954(昭和29)年にはノーベル物理学賞をもらっている．

4月10日にハウトスミットはスタトチルムに入る．ここではディーブナーが研究をしていたからである．彼は4月8日に捕えられていた．そしてハウトスミットが着いたときには誰もいなかった．原子炉と酸化ウランは残っていたが設備は貧弱であった．

4月17日にはゲッチンゲンにいく．ここでは遠心分離器によるウラン同位体の分離に関する書類が発見された．それによるとハウトスミットの旧友グロートがその研究の責任者であるのがわかった．

それとほとんど同時に，セルレにあったドイツの遠心分離の所在も明らか

になったが，責任者のハーテックは逃走したあとであった．

　アルソス調査団がヘチンゲンに入ったのは4月23日であったが，ハイゼンベルクは逃走した後であった．しかしワイツゼッカーらは残っていた．

　研究の記録，重水，ウランなどはアルソス調査団がまとめてパリ経由で米国に送られた．ハイガーロッホにあった原子炉は写真に撮影した後に破壊された．

　タイルフィンゲンにいたハーンは4月24日にアルソス調査団と出会った．そこにはラウエ[1]もいた．

　ラウエは有名な理論物理学者で，ベルリン大学の教授もつとめた．X線と結晶体についてすぐれた研究があり，1914(大正3)年にはノーベル物理学賞をもらっている．

　彼は原子力や原子爆弾の研究に直接に関係していたわけではないが，ハウトスミットとしてはドイツの物理学の将来について米国の物理学者をまじえて話しあってみたかったらしい．カイザー・ウィルヘルム研究所の物理部門の責任者でもあったラウエは，ドイツ国内でおこなわれていた原子力，原子爆弾などに関する研究の情報は充分にもっていた．

　ヒトラーが自殺したのは4月30日であるが，5月1日にはミュンヘンでゲールラッハが翌日にはディーブナーが近くの街で連合軍に捕らえられた．

　ハイゼンベルクは4月末にハイガーロッホの研究室を閉ざし，20日にウルフェルトにいる家族のところに向かって自転車で出発した．およそ200kmばかり離れた家に23日に着いた．アルソス調査団に出会ったのは5月3日であった．

　1945(昭和20)年になると日本国内の食糧事情は，さらに悪くなった．1月には野菜の配給が1回あっただけである．しかも一人あたり約200グラムの菜っ葉であった．ただしこれは大阪の近郊である．

　郷里は岡山の田舎であるが，ここでも一食は粥または雑炊で日用雑貨の欠乏はいちじるしかった．

---

[1] Max von Laûe（1879～1960）

3月13日夜半から大阪がB29およそ90機で空襲を受けた．探照灯はよくB29をとらえるが，高射砲弾はほとんど命中しなかった．
　阪大理学部には北側に臨時医専の建物があり，それが木造であったため全焼した．その輻射熱で理学部内のカーテンが発火したが，待機中の学生諸君の活動で大事には到らなかった．しかし周囲は全部焼失したので学内は停電してしまった．要所だけは蓄電地室から送電した．
　その空襲で，阪大理学部にも在郷軍人分会ができた．研究室も疎開に着手するところが多くなった．
　米軍の艦載機の来襲が多くなり，毎朝その爆音と高射砲の発射音で目がさめるという毎日になった．
　理学部内の水道は地階だけは使用できるが他は断水状態になり，水洗便所も使用不可能になった．爆風で壊れた窓ガラスはそのままで通勤には鉄甲がはなせない．
　4月1日，入学式，在郷軍人分会の行事として校庭に野天便所をつくった後，消火ポンプの操練があった．
　重要建築物の周囲の民家をとりはらって近くからの延焼をふせぐ作業が始まる．そために学生諸君が動員される．
　市内から市外へと運び出される荷物を積んだ荷車がつながって移動している．自動車は全く見えなくなった．燃料がなくて動けないからである．
　新入学生のために実験を準備しなければならないが，召集などのために指導者が不足してきたので上級生を動員することにした．
　煙草はほとんど買えなくなったので1本の煙草を数人でまわしのみをする．煙草に点火するマッチもなくなったので戸外では凸レンズで日光を利用する．
　4月分の給料が5月に支給という状態になる．連日のように空襲があるので自宅の庭先に簡単な防空壕をつくる．
　飛行機用燃料として松根油が使用されるようになり，町内会の行事として松の根の掘りおこしに動員される．
　6月になると毎日のように空襲があり，3月の空襲で残っていた地区もほとんど焼野原となった．

空襲直後の街路上には荷車につながれたままの馬がいたるところにたおれており，爆弾にやられたらしい手，足が散乱していた．
　ガスも電気もなく，僅かに水道が使える程度で大学では研究も教育もほとんど不可能になったので，疎開を考えざるを得ないようになった．
　しかし大阪近郊の適当と思われる場所はすでに満員となっていたので，岡山県の一小都市の井原におちついた．それは8月の初めであった．
　新入学生も同行したので，中学校の教室を借用し約20名の学生諸君はそこを住居と講義室，実験室に使用することにした．職員やその家族は市内の適当な場所をみつけて生活の拠点とした．

原爆投下－1945 年

広島に原子爆弾が投下されたのは1945(昭和20)年8月6日であるが，井原市は広島の県境に近いので負傷者がまもなく避難してきた．

原子爆弾であるとは誰もわからなかったので，"ピカ・ドンにやられた"というのが負傷者の報告であった．

8月8日には理化学研究所から仁科先生達，8月10日には阪大の浅田先生らが広島にいき，地上の放射能を検知して原子爆弾であることを確認した．これは，原爆から放射された中性子が地上の諸元素に作用して放射能を誘導したのであった．

広島付近からもち帰った土砂を東大理学部の化学教室で分析した結果，いずれも放射性をもつバリウム，ストロンチウム，ジルコニウムなどを確認したので，ウラニウムの原子爆弾であったのが明らかになった．

長崎には8月9日に超強力な爆弾がおとされた．8月13日頃から九大理学部の篠原教授らの調査で地上の放射能物質が確認されたので，原子爆弾であることが明らかにされた．

放射能の強い土砂について東大で分析した結果，バリウム，ストロンチウムなどの存在は確認されたが，プルトニウム爆弾であることはわからなかった．

原子爆弾の爆発で地上におきた変化，たとえば，木材のこげ方，墓石の倒れ方などからいろいろの推測がおこなわれた．

それによると広島，長崎で原爆が爆発した直後の火球の直径はおよそ100 mであった．表面温度は $(9\sim10)\times10^3$ K，全エネルギーは 10^{13} ジュールと計算されている．

原爆を日本に運んだB29はマリアナ諸島のテニアンから出発した．3機編隊である．

1機はもちろん原爆をのせていたが，他の1機は爆風を測定して基地におくる無線探知器をのせ，1機は爆発の現場を撮影するための高速カメラをそなえていた．

このカメラは広島でも長崎でも活躍しなかったようである．

爆風測定器は地上に投下されるが，長崎の場合は手紙がついていた．それによると，1945年8月9日付けで原爆司令部から物理学者の嵯峨根さんにあて

内容は"嵯峨根さんとバークレーで一緒にいた物理学者3人[1]が書きおくる。米国では原爆製造の工場が完成し，日本が戦争をつづけるならば原爆の雨を降らせることができる。このことを早く最高司令部に伝えてほしい……"というようなことであった。

3人のなかの一人アルバレは1911(明治44)年生れの米国人で，シカゴ大学で物理学を学習した。第二次大戦中はレーダー，原爆の研究に従事し，テニアンにもきていた。素粒子の実験的研究で，1968(昭和43)年にはノーベル物理学賞をもらった。

アルソス調査団によってつれていかれたドイツの科学者達は，英国の田舎ファーム・ホールに収容されていた。彼らはそこで，8月6日の午後6時のBBC放送で広島に原子爆弾がおとされたのを知った。しかしそれが原子核分裂を利用したものとは気がつかなかった。

午後9時のBBC放送によると，ウラニウムを使った爆弾で，高性能爆薬の20キロトンに相当する威力があり，12万5千人の努力によってつくられたと報告されたので，初めて原子爆弾であることが明らかになった。

そこで，ファーム・ホールにいたドイツの科学者達のあいだでは臨界質量が問題になった。どれだけの量のウランが使用されたかである。

最初ハイゼンベルクはおよそ100kgと思ったが，爆弾の構造によっては10～15kgでも充分であろうという結論になった。

臨界質量を最初に計算したのはフランスのF. ペランで，1939(昭和14)年に約44トンという値になった。

英国ではR. パイエルスがペランの方法で計算した結果，やはりトンの桁になった。これでは爆弾として問題にならない。

パイエルスの結果をみたフリッシュ[2]がU235で計算してみては…と注意したので，計算をやりなおすと0.5kgに近い値になった。後の計算ではこの値

---

[1] P. Morrison, L. Alvarez (1911～), R. Serber
[2] O. R. Frisch (1904～1979)

は誤りであるのが明らかになったが、とにかく爆弾になる質量である。1940(昭和15)年の初めであったが、この計算結果にもとづいて英国は原子爆弾の製造にふみきった。

1933(昭和8)年にドイツでナチスが政権をとると、ユダヤ系の科学者の多数が英国へ脱出してくるようになった。

ユダヤ系のパイエルスも英国で職をさがし、マンチェスター大学で臨時講師になることができた。ここでH. ベーテと出会う。彼もドイツから脱出した物理学者であるが、1967(昭和42)年にはノーベル物理学賞をもらった。

1935(昭和10)年からケンブリッジのモンド研究所の研究員になる。この研究所はカピッツァ[1]が強磁場や極低温の研究のためにつくったのであったが、彼は郷里のロシアに帰ったのでコッククロフトが所長をしていた。

1937(昭和12)年にバーミンガム大学に移る。その頃から原子核の理論的な研究を始める。

実験的研究はオリファント[2]がおこなっていた。フリッシュがパイエルスをたずねてきたのは、1939(昭和14)年の夏であった。

それまでコペンハーゲンのボーア研究所にいたが、ドイツ軍が入ってきたので、ユダヤ系の彼は身の危険を感じて英国に脱出し、職をさがしてバーミンガムにきた。

彼はオーストリアのウィーンで生れ、そこの大学で教育を受けた後、ベルリン、ハンブルク、ロンドンなどで研究生活をおくり、ボーア研究所にいたのであった。

核分裂の研究で有名なマイトナー[3]は母の姉妹である。ドイツ軍がコペンハーゲンに入ったとき彼女も同地にいたが、ストックホルムに脱出することができた。

原子爆弾に関するウランの臨界質量の計算の結果は、フリッシュとパイエルスの連名で短い報告書にまとめられてオリファントに渡され、G. P. トムソン

---

[1] Peter Kapitsa (1894〜1984)   [2] M. Oliphant
[3] L. Meitner (1878〜1968)

のところへ届けられた．

　問題はいかにして U235 を分離するかであるが，パイエルスはフリッシュとも相談して，結局，前にも述べた気体拡散の方法をとることになった．そしてトムソンの意見も尊重してオックスフォード大学の F. シモンに実行をたのんだ．

　実際の装置を設計するには複雑な数学的計算が必要であるが，それにはパイエルスらの理論物理学者があたり，多くの若い人達が助手をつとめた．その中の一人に K. フックス[1]がいた．

　フックスはドイツ人であったが共産主義者であったので，1933(昭和8)年にドイツを脱出して英国にきていた．

　パイエルスの助手になるまでは，エジンバラ大学で有名な理論物理学者ボルンの指導を受けていた．

　フックスは 1911(明治44)年ドイツのフランクフルトの近くで生れた．父は牧師であった．高校を卒業してライプチヒ大学に入学した．数学と物理学を学習するためであった．

　一家がキールに移転したので，彼もキール大学に移る．前から社会主義に関心があったが，キールで共産主義者の団体に入り，ナチスに反対の立場をとるようになった．

　英国に脱出したフックスは，幸運にもブリストル大学の N. モット[2]教授の助手になることができた．

　モットは理論物理学者で，1977(昭和52)年にはノーベル物理学賞をもらっている．彼はゲッチンゲン大学に留学したこともあって，ドイツ語は得意であり左翼の人達にも理解があった．

　フックスはモットに理論物理学の才能を認められ，4年間，指導を受けて学位をもらうことができた．モットの推薦でエジンバラ大学に移りボルンの弟子になった．彼は数学がよくできたので，理論物理学者パイエルスにとってはすぐれた助手となった．

---

[1] Klaūs Fūchs (1911〜1987)　　[2] N. F. Mott (1905〜1996)

1941(昭和16)年6月に独ソ戦が始まると，ナチス嫌いで共産主義者であるフックスは，ソ連を援助しようと考えた．その年の末にロンドンに出たフックスは，知人の紹介でソ連大使館の武官クレマーに会った．
　それ以来，フックスが英国で知り得た原子爆弾に関する情報がソ連にわたるようになった．
　1940(昭和15)年までは原子物理学に関する報告は一般に公開されていて，ソ連の物理学者も自由に入手することができた．したがって，ソ連でもウラン委員会が開かれ，ウラン鉱石をさがし核分裂を研究しようという動きがあり，レニングラードの物理工学研究所の核物理学者クルチャトフ[1]は学士院に研究用原子炉の建設を申し入れた．しかし学士院はあまり賛成しなかった．
　空軍関係から入手した情報により，ソ連以外のところで原子爆弾の研究がおこなわれているのに気がついたクルチャトフの部下が，スターリンに手紙を書き原子爆弾の重要性を知らせた．
　スターリンはこの手紙を国防委員会におくったので，この委員会は化学工業関係の責任者ペリュブキンに調査を命じた．そして1942(昭和17)年の終わり頃にはウラニウム爆弾のための研究所をつくり，クルチャトフを所長にする計画ができ，翌年3月には活動が始まった．
　クルチャトフは1936(昭和11)年頃から中性子を使って原子核の研究を始めていた．
　シモン，パイエルスらは意見交換のため米国にでかけた．1941(昭和16)年の暮である．コロンビア大学を訪問しているが，ここでは同位体分離のためのプラントの設計を理論物理学者のコーエン[2]がおこなっていた．
　フェルミもいてグラファイトを減速材に使う原子炉の研究をしていた．
　シカゴ大学ではA. H. コンプトンに会った．彼は原子力関係の研究者のまとめ役をつとめていた．
　バークレーではオッペンハイマーを訪問した．彼はパイエルスを前からよく知っており，パイエルスとフリッシュの共同研究の結果についても知ってい

---

[1] I. Kurchatov　　[2] K. Cohen

た．

　バージニア大学ではビームス[1]を訪問した．彼は超遠心分離機の大家で，米国でもドイツと同様，U235 の分離に超遠心分離機を使用することが試みられた．しかし使用できるに充分な強度をもつ材料が得られなかったので，この試みは中止された．

　1943（昭和 18）年 8 月，チャーチルとルーズベルトはケベックで会い，英米両国は共同で原子爆弾をつくる約束をした．原子爆弾の製作は工業的に大事業であるから戦時下での英国では不可能であり，米国内で実行することになった．

　実際の作業は米国の工兵隊があたることになり，前に述べたようにグローブス将軍が最高責任者となった．

　シモン，パイエルス達は再び米国にわたることになり，1943（昭和 18）年 8 月に出発したが，物理学者のチャドウィック，オリファントも同行した．

　オリファントの強い希望でバークレーのローレンスのところに寄る．ここでは電磁場を使っての同位体分離が試みられていた．

　サイクロトロン用の電磁石を改装した装置カルトロンを使って U235 を分離していたが，この方法では大量の U235 を得ることはできない．

　1943（昭和 18）年 12 月，多くの科学者とその家族をのせた輸送船が英国を出発してアメリカに向かった．これは米国の原子爆弾製造に助力するためであった．その中にはもちろんシモンもパイエルスもいた．

　シモン達はテネシー州のオーク・リッジに建設中の気体拡散による U235 を分離する工場を視察した．シモンの意見では助言する必要がないほどのできばえであったので，3 か月ばかり後には英国へ帰った．しかしパイエルス達はそのままアメリカに残った．そしてロス・アラモスに移る．

　ロス・アラモスはニューメキシコ州のサンタフェの近くにある．ここには前からオッペンハイマー家が近くに牧場をもっていたので，グローブス将軍とともに視察してロス・アラモスを選び原子爆弾研究場をつくった．

　ニューメキシコの砂漠の中の台地がロス・アラモスである．秘密保持には最

---

[1] J. Beams

適の場所なので1943(昭和18)年の春に研究所がつくられた．

　中性子を使う実験に必要なサイクロトロンはプリンストンから，ファン・デ・グラーフの装置はウィスコンシンから運ばれた．それらを使って研究する実験物理学者達もロス・アラモスに集められた．

　ロス・アラモスに集められた理論物理学者の最高責任者はベーテであった．彼はドイツのストラスブルクに生れ，フランクフルト大学で物理学をおさめてからミュンヘン大学に移り，有名な理論物理学者ゾンマーフェルトの指導をうけて学位をもらった．

　しかし，1933(昭和8)年にはナチスをきらって英国に移り，マンチェスターとかブリストルの大学につとめた後，1935(昭和10)年には米国にわたりコーネル大学につとめた．

　その頃は天体物理学に興味をもち，恒星の出すエネルギーや進化の説明に原子核物理学をとり入れて立派な研究をしたので，前にも述べたように，1967(昭和42)年ノーベル物理学賞をもらった．

　第二次大戦が始まると，マサチューセッツ工科大学で1942(昭和17)年から1943年までレーダーの研究をやり，それからロス・アラモスに移った．これはパイエルスの依頼によるもので，ベーテと彼はミュンヘン大学の学生時代からの親友であった．

　ファインマン[1]はニューヨークの近くで生れた．高校時代から数学が飛びぬけてよくできた．マサチューセッツ工科大学（MIT）で数学と物理学を学んだのち，プリンストン大学に移る．

　1943(昭和18)年4月からロス・アラモスにいき，ベーテらと原子爆弾の理論的研究に従事する．1965(昭和40)年に朝永，J. シュビンガーとともにノーベル物理学賞をもらった．

　彼は日本にもきたことがあり，我国の風俗，習慣がたいへんお気にめしたらしい．

　フェルミがロス・アラモスにきたのは1944(昭和19)年8月であった．秘密

---

[1]　R. P. Feynman（1918〜1988）

保持のためヘンリー・ファーマーという変名を使っていた．

　ノイマンもたびたびロス・アラモスにきた．彼は純粋数学者であるけれど量子力学の大家であり，実際問題についても計算がひじょうに得意であった．

　ハンガリー生れで，お酒がたいへん好きであった．しかし，ロス・アラモスは軍用地であるから酒店はなかったので，サンタフェまで買いにいかなければならなかった．しかもそこには上等の酒類はなく，メキシコ製のウォッカしかなかった．しかし，ノイマンはそれを使った強いカクテルをよく飲んでいたらしい．

　テラーはワシントン大学からロス・アラモスへきた．オッペンハイマーの考えでは原子爆弾の問題に取り組んでもらうつもりであったが，テラーは核融合による水素爆弾の研究も実行すべきだと強調して別の研究組織をつくった．

　彼は実際に後には水素爆弾の製作に成功したが，ロス・アラモスではオッペンハイマーと対立してしまった．

　テラーはドイツで生れ，カールスルーエ工業大学で学んだ後，ミュンヘン，ライプチヒ大学で学び，コペンハーゲン，ロンドンなどに遊学した後，1935(昭和10)年にアメリカにわたりワシントン大学の教授になっていた．

　素粒子論の大家であったマルシャック[1]もロス・アラモスにきた．彼はロシアから移民でアメリカにきたユダヤ系の貧民の子であった．

　コーネル大学で，ベーテの指導で学位をもらい，1943(昭和18)年にはロチェスター大学で助教授になっていた．

　ロンドンからテイラー[2]もきた．彼は流体力学，航空力学など広い範囲で有名な学者である．ロス・アラモスへは衝撃波の問題を解決するために招かれた．これは原子爆弾を起爆するときに通常の爆薬を使うので，その時に発生する衝撃波がどのように行動するかが不明であったためである．

　1944(昭和19)年の終わりには，ボーアもニコラス・ベーカーという変名でロス・アラモスにきた．彼は，ドイツ軍がデンマークに侵入すると漁船にのっ

---

[1] R. E. Marshak（1916〜　）
[2] G. I. Taylor（1886〜1975）

てスウェーデンに逃れた．

そこから軍用機で英国にいったが，あまり高度をとりすぎたためか，酸素不足により気を失うというようなこともあった．

ロス・アラモスでは物理学者たちに歓迎されたが，ワシントンとかロンドンにいることが多かった．

原子爆弾は英米2か国で独占すべきではなく，ソ連にも公開すべきだというのがボーアの意見であった．

あまり原子爆弾を秘密にしておくと，かならず製造競争がおきるとボーアは心配したからである．

この意見については，ルーズベルトはある程度賛成であったが，チャーチルは絶対反対で，ボーアはソ連と連絡をとっているのではないかと疑ったほどである．

しかし，英米両国が極秘ですすめてきた原子爆弾製作の詳細は，パイエルスの助手フックスによって全部ソ連に報告されていた．

ソ連がウラニウム爆弾の研究を開始したのは1942(昭和17)年の末で，国防委員会はそのために特別の研究所をつくり，クルチャトフを所長に任命した．ドイツと米国が原爆の製作に着手したことを知ったからである．

前にも述べたように，ロス・アラモスには有名な理論物理学者が多く集まったが，有名な実験物理学者はあまりいなかった．かぎられた時間内に原子爆弾をつくるためには，実験物理学者はあまり必要がなかったのであろう．

ボストンのMITで輻射研究所の副所長をつとめていたラビは，時にロス・アラモスを訪問している．

彼はオーストリアで生れたが，コーネル大学で化学を学んだ．その後コロンビア大学では物理学を研究して教授になった．原子核のもつ磁気モーメントの精密測定で，1944(昭和19)年にはノーベル物理学賞をもらった．仁科先生の知人でもあった．

1940(昭和15)年からは戦時研究のためにMITにいたが，主としてレーダーの研究を指導していた．

英国からは多数の学者が米国にいき原子爆弾の製作に関係したが，その最高

責任者はチャドウィックであった．

　彼はイングランドで生れ，マンチェスター大学に入学してラザフォードの指導を受けた．その後ベルリンにいき，計数管で有名なガイガーの研究室に留学した．1913(大正 2)年である．

　そのうちに第一次大戦が始まったので帰れなくなり，1919(大正 8)年にようやく帰国できた．それからはキャベンディッシュ研究所でラザフォードの助手となり，α 粒子による原子核の研究に従事した．

　1932(昭和 7)年には中性子を発見し，1935(昭和 10)年にはノーベル物理学賞をもらった．第二次大戦が始まると，米国のマンハッタン計画の重要人物となり，ロス・アラモスにいった後にはワシントンに移った．ロス・アラモスからは定期的に報告を受けていた．

　最初の原子爆弾の実験は 1945(昭和 20)年 7 月 16 日におこなわれた．プルトニウム爆弾であった．場所はロス・アラモスの西南およそ 300 km にあるアラモゴルド付近の砂漠の中であった．そこに鉄塔を組み，その上に爆弾をおいた．

　爆弾から 10 km はなれた壕の中には，オッペンハイマー，グローブスらが入り，全体の指揮をとることになっていた．

　16 km のところにはフェルミらの物理学者がおり，観測の便宜から壕はなかった．爆風の強さ，輻射熱，ガンマ線，飛来する物質の粒子などの測定が計画されており，条件がよいと考えられた深夜に実験がおこなわれることになっていた．

　爆発のときにできる大量の放射性物質が風によって流されることを考えると，風の方向を考えなければならないので，実験は 17 日の早朝におこなわれた．

　黒色ガラスを通しての観察であるが，ま昼の太陽よりも明るい火球がまず昇って，それからキノコ雲にかわっていった．

　閃光が見えてからややおくれて音が聞こえたが，それは近くで発射された小銃の発射音によく似ていた．

　学者達の最大の関心は爆弾が爆発したときに出るエネルギーであった．比較

は高性能爆薬 TNT の出すエネルギーであるが，理論家の予想では TNT の 6 千トンから 7 千トンの威力と思われていたが，実際には約 2 万トンであった．

これを最初に計算したのはフェルミで，彼は実験のとき小さく切った紙片を手にもっていて，爆風がきたときそれを散らし，紙片の落下点の距離から概算したといわれている．

原子爆弾の実験の結果は，ただちにポツダムにいるトルーマンへ報告された．トルーマンは，同じくポツダムにきていたスターリンにこの超強力爆弾の成功を知らせた．

スターリンはその時トルーマンに，"それを早く日本で使ったらよいだろう" といったという．これは同じくチャーチルの意見でもあった．

その直後，スターリンは同じくポツダムにきていたモロトフ大使に，"クルチャトフの研究を急がせなければならない" といった．

この時点では，トルーマンもチャーチルもソ連の原子爆弾の研究は全く知っていなかったらしい．

実験より 36 時間後，地上の放射能はおよそ失われたと思われたので，フェルミやベーテらは爆発の中心地へいってみた．そこには砂漠の砂が高温度のためにとけて，直径 400 m ばかりの平面鏡ができていた．実験用の全ての構築物は完全になくなっていた．

これを見た科学者の一部は，原子爆弾を日本で使用するにしても，無人の地を選んで，デモンストレーションとして爆発させればよいではないかという意見もあった．しかしオッペンハイマーのとりあげるところとはならなかった．

この実験が準備され成功した頃には，U235 爆弾は日本に向かって太平洋上を運ばれていたのであった．

その頃，米国では 1 か月に U253 が 100 kg，プルトニウムが 20 kg の割合でつくられていたらしい．

ロス・アラモスに集められた科学者達は若い人達が多く，しかも夫人同伴であったので出産があいついだ．そのため医務室の方から悲鳴があがったので，グローブス将軍からオッペンハイマーに申し入れがあったが，オッペンハイマーもこの問題は如何ともなしがたかった．彼の家庭でも出産があった．

日本に原爆が投下されると，ソ連はただちに対日戦に突入し満州に侵入を始めた．そして8月15日に終戦の詔勅が出た．
　その前日に，明日は重大発表があるという予告はあったが，敗戦の報告とは夢にも思わなかった．
　当日はラジオは雑音が多く，ようやく終戦の詔勅ということがわかった．放送が終っても，一緒にいた学生諸君は首をうなだれしばらくは動かなかった．
　終戦になっても，田舎の町では特にかわったことはおこらなかった．
　少し前から近くの中学校をかりていた海軍病院から申し出があり，阪大がかりている女学校とかわってもらいたいとのことであった．
　終戦になり海軍病院はひきあげることになったが，阪大が中学校に移転する話は進行して丘のふもとにある校舎にかわった．
　2階のある新しい校舎で，講義室，実験室，居住室が得られ，かなりゆとりのある空間が使えることになった．
　はじめは自炊していたが後には炊事係をやとうこともできた．
　講義は大阪から先生に出張してもらい，学生実験は先輩が後輩を指導する形でなんとか実行することができた．
　終戦直後は食料が心配であったので，空地をかりて豆をまくことも計画したが，周囲が農山村であったので餓死の心配はなんとかしのぐことができた．
　近くに松茸山があり，終戦の年は豊作であったが，戦後の混乱で出荷ができなくて困っていた．そこで，学生諸君におさそいがあり，喜びいさんで山へ出かけた．
　もちろん松茸はたくさんあったが，そればかりでなく，山中でナマのままで満腹した学生諸君もたくさんいた．
　9月のなかば阪大理学部にいってみると，窓ガラスは割れ，水もガスもほとんど出ない．僅かに電気がきているという状態であった．阪大のサイクロトロンが米軍の手によって取り去られたのもその頃であった．
　理研のサイクロトロンも京大のサイクロトロンも，同じような運命をたどった．
　阪大のコッククロフトの装置は無事に残っていたので，中国からの視察団を

案内して説明したことがあった．

そのとき一行のなかの一人が小さな声で，"このような設備があったのになぜ日本では原子爆弾がつくれなかったか"と質問してきた．そのとき私はどんな答をしたか全く忘れてしまった．

戦争が終ったのに疎開を続けることはできないので，1946(昭和21)年の3月に井原市をひきあげることにした．しかし食料事情はすこぶる厳しいので家族は岡山県の実家におき，大阪へは単身で研究室でくらすことにした．

実験室は学内の食料市場になっていたので，これはまず立ちのいてもらった．街には米もパンも少しずつ現れてはきたが，学内の食堂では皮つきのジャガイモをゆでたのに食塩をつけて…という食事であった．学内では多くの職員と学生が住みついていたが，自炊しているのが多かった．

5月になると，戦争に協力した人達を教職から追放するという指令が政府から出され，阪大理学部でも6月には適格審査委員会がつくられ，不適格者は退職してもらうことになった．

この委員会は何回か開かれ，阪大理学部には不適格者不在という結論になった．しかし，阪大学長に就任されたばかりの八木先生は出ていかなければならなかった．八木先生は戦争中，企画院総裁として活躍されたので，この時はやむを得なかったのであろう．

9月には，卒業研究の発表会ができる程度に，学内事情は少しばかりよくなったが，生活物資の不足はいちじるしかった．特に食料不足は少しもよくならないので，タケノコ生活ということになった．

終戦とともに配給制度もほとんど機能しなくなったのに加えて，インフレの進行が始まった．ヤミ物資は出まわってきたが，給与の上昇はおいつかない．

そこで，身のまわりの品物を売り飛ばして食料を手に入れなければならない．蔵書が売られ，衣料を手ばなすのが日常生活となったのがタケノコ生活である．

古書店の店頭には書物があふれてきたので，古書店めぐりは楽しい行事という奇妙なことにもなった．

低温物理の研究—1946年

サイクロトロンの破壊に見られるように，原子力関係の研究はもちろん，原子核物理の研究にも占領軍は制限を加えてきたので，前から関心があった低温物理の研究に切り替えようと思った．

これは伏見さんの後押しも大いに影響があった．伏見さんは熱力学，統計力学が専門であったので低温物理にも興味があった．

私が大学に入ったのは1929(昭和4)年であるが，その年に一般物理学の講義で初めて超伝導の話をきいた．当時のことであるから，超伝導の理論は全くできていなかった．これが低温物理に興味をもった初めである．

しかし，その後の大学生活ではスペクトルやらマス・スペクトルの研究におわれて，低温物理の方は頭のかたすみに追いこまれていた状態であった．

入学した大学が東北大学であったので，低温物理は身近なところにあった．本多光太郎先生が所長の金研に低温研究棟ができたのは1930(昭和5)年で，青山新一先生が主任であった．

青山先生は化学者であったが，1925(大正14)年からヨーロッパに留学され，ライデンのオンネス研究所やベルリンの国立物理学・工学研究所（PTR）を視察して，1928(昭和3)年に帰国された．

私が在学中は空気液化装置，水素液化機などが動いていて，神田英蔵，袋井忠夫，門奈五兵の皆さんが研究に従事されていた．それを見ていたので低温物理の研究がどのようなものかは，おぼろげながら頭に入っていた．

阪大理学部にも空気液化機があったが，老朽化して役に立たなかった．とにかく液体チッ素がなければ低温の実験は始まらない．そのうちに，近くの造船所で解体中の航空母艦に酸素発生装置があるのがわかったので，それをわけてもらってきた．

旧海軍の1万トン級以上の軍艦には酸素発生装置がそなえられていた．これは魚雷に使用する酸素をつくるためである．

ドイツから教えられた技術で，魚雷の推進装置に酸素を利用する方法が旧海軍では広く使われていたのであるが，秘密をまもるため第二空気とよばれていた．この第二空気発生装置が軍艦にはそなえられていたのであった．

この装置は，当時"日本理化"と呼ばれていた日本酸素でつくられていたの

図 12　1962(昭和37)年
左から，筆者，門奈，袋井．

で，門奈五兵さんに相談してみた．門奈さんは日本理化でこの装置をつくる責任者であった．そして第二空気発生装置はチッ素液化機に改装できることが明らかになった．

このようにして第二空気発生装置をもらってきたものの，直流モーターで動くようになっていて，すぐには使いものにはならなかった．

そのうちに酸素会社から液体チッ素は無料でもらえるようになった．酸素をつくっていると装置のなかに液体チッ素ができ，これが一定の量になると酸素の製造のじゃまになるので，運転を止めて液体チッ素を捨てなければならなくなる．そのときにデュワー瓶をもっていくと，無料で液体チッ素がいただけるのであった．

低温物理の研究に液体ヘリウムが必要なことは常識となっていたが，日本にヘリウム液化機が入ったのは1952(昭和27)年であった．これは米国製でコリンズ型とよばれるものであった．東北大学の低温センターに納入された．

この液化機はコリンズ[1]が1947(昭和22年)年に発明したもので，便利な液化機である．この液化機ができる前は，液体ヘリウムが使える研究所は世界に数個所しかなかった．低温物理学の発達を"コリンズ以前"，"コリンズ以後"と区別するほどである．

　圧縮したヘリウムを往復動の膨張機で温度を下げてから，ジュール-トムソン効果で液化するようになっている．

　この液化機が入手できれば直ちに低温物理の研究が始められるのであるが，当時の大学の状態では経済的にあきらめざるを得なかった．

　コリンズはマサチューセッツ工科大学（MIT）の職員であったが，第二次大戦中はライト飛行場で航空機用の酸素発生装置をつくっていた．その経験をいかして小型のヘリウム液化機をつくるのに成功した．

　1958(昭和33)年には，オランダ冷凍学会からオンネス賞をもらった．1949(昭和24)年からはMITの低温工学の教授をつとめている．

　ヘリウムを液化するには昔からよく知られているカスケード法がある．これはピクテ[2]が19世紀の終わり頃，酸素の液化に成功した方法である．

　この方法では，まず亜硫酸ガスSO_2を液化する．それを低圧で蒸発させると$-70℃$になる．それで二酸化炭素CO_2を液化し，蒸発させると$-130℃$の低温が得られる．これで高圧の酸素を冷却すると液体酸素が得られた．

　オンネスはこれと似た方法で，1908(明治41)年にヘリウムの液化に成功した．彼は液体空気を使ってまず液体水素をつくり，それで高圧のヘリウムを冷却し，最後はジュール-トムソン効果を使ってヘリウムを液化したのであった．

　オンネスは，1889(明治22)年にライデン大学でまず大型の空気液化機をつくった．つづいて1906(明治39)年には水素液化機を組み立てた．空気の液化は，1895(明治28)年にドイツと英国でほとんど同時に成功した．

　ドイツではリンデ[3]，英国ではハンプソン[4]がいずれもジュール-トムソン効果を利用したのであった．1847(弘化4)年にジュールとトムソンは気体をある

---

[1] S. C. Collins（1898～1984）　　[2] R. Pictet（1846～1929）
[3] C. Linde（1842～1934）　　[4] W. Hampson

一定の温度（逆転温度）以下で細孔から噴出させると温度が下がることを発見した．これがジュール-トムソン効果である．

　水素を最初に液化したのは英国のデュワー[1]で，1898（明治31）年であった．彼は液体酸素で冷却した水素をジュール-トムソン効果を使って液体にした．全世界でお世話になっている魔法瓶を発明したのもデュワーであった．

　液体水素を使わないヘリウム液化機も1934（昭和9）年にカピッツァによって発明された．彼はその頃ケンブリッジのモンド研究所にいたが，液体チッ素で冷却したヘリウムを膨張エンジンでさらに冷却するという方法であった．

　この方法は前からあったカスケード法に比べて簡単であり，すぐれた方法と思われたので，東北大学でもカピッツァ型ヘリウム液化機の製作にとりかかった．モンド研究所から入手した図面を参考にして日本酸素で試作が始まったが，数年間の努力にもかかわらず不成功におわった．

　後に袋井さんから聞いたところでは，液化装置に不可欠のステンレス鋼の細管をつくることができなかった．その実物も金研で見せてもらったが，できあがった細管がしばらくすると自然にさけてしまうそうである．

　前に述べたコリンズのヘリウム液化機は，カピッツァの液化機がもとになっている．そのコリンズの装置がたやすく入手できないとなると，当時の状態ではカスケード法によらざるを得ないと思った．

　生物学に"個体発生は系統発生をくりかえす"という言葉があったことも思い出して液体チッ素の次は液体水素，それから液体ヘリウムという順番で進もうと決心した．

　それにしても低温物理は私にとっては全くの未経験の分野であったので，まず低温度の測定から始めようと思った．そこで，当時まだ学生であった信貴豊一郎さんに東北大学へいってもらい低温測定を実習してもらった．

　とにかく液体チッ素は酸素会社からもらえるようになっていたので，低温物理学のイロハから始めることにした．これは全くお笑いごとであるが，液体チッ素を使ってウイスキーのアイス・キャンデーをつくってみたところ，固体に

---

[1] J. Dewar（1842〜1923）

図13　1966年（メンデルスゾーン氏撮影）
信貴，筆者．

ならずキャラメルが溶けかかったような物質ができた．

　そのうちに1949（昭和24）年になり新制大学ができることになった．商大しかもっていなかった大阪市も総合大学をつくることになり，理系の学部として理工学部ができることになった．

　阪大，化学教室の小竹無二雄教授は，近藤大阪市長と旧制高校で同窓であったためか，市大理工学部の新設をまかされることになった．そしてどのような風のふきまわしか，私が物理教室の創設をたのまれた．

　そこで小竹先生の了解を得て，造船所から阪大に運びこまれたままの酸素発生装置をもとにして，新設の大阪市大で低温物理をやる計画をたてた．

　酸素発生装置は日本酸素の門奈さんにたのみチッ素液化機に改装してもらった．しかし圧縮機は直流モーターで動くようになっていたので，交流を直流にする整流器を用意しなければならなかった．

　これも近くにあった放送局で廃棄されるようになっていた電動発電機をゆずってもらえた．このようにして中古品ばかりの寄せ集めでチッ素液化機がつく

られたが，運転してみると思ったより有力で，1時間に数十リットルの液体チッ素が得られるようになった．

　これだけでは低温物理の研究はできないが，近くの研究者の皆さんに充分な液体チッ素をさしあげることができた．

　次は水素液化機をつくらなければならないのであるが，思わぬ障害があらわれた．比較的ゆたかに計上されていた市大の予算が，大幅に縮小されてしまった．これは占領軍の方針でドッジラインが発表され，つづいてシャウプ勧告が出されて税制が厳しく圧縮されてしまったからである．さらにジェーン台風とよばれた猛烈な台風が大阪を直撃したので，市大の予算は大きくけずられてしまったのであった．

　あと頼みになるのは文部省からの研究費であるが，何回も申請した結果，ようやく1959(昭和34)年になって認められた．

　それまで約10年間は液体チッ素の温度範囲でできる研究テーマを考え，液体の粘性，固体の弾性，磁性などについて実験的研究をおこなっていた．

　文部省で研究費をみとめられたので，水素液化機の製作は神戸製鋼所に依頼した．ところが水素圧縮機は早くでき上がったが，液化機の本体はなかなか完成しなかった．

　しかし研究室の若い人達の努力で，1961(昭和36)年の秋にはようやく水素液化機ができ上がった．

　当時，研究室には奥村孝一（後に熊本大学教授），小俣虎之助（後に三菱電機技師），佐治吉郎（後に神戸商船大教授），海部要三（後に大阪市大教授），信貴豊一郎（後に大阪市大教授）の諸君がいた．

　液化装置は真空で断熱した容器内にあって，運転開始まえにおよそ45リットルの液体チッ素で冷却すると，始動後45分で液化が始まり，毎時10リットルの液体水素が得られた．

　150気圧にした水素をジュール-トムソン効果で液化した．国産の水素液化機では第一号ではないかと思っている．

　昭和の初年頃，理研で水素液化機が計画されたことがある．1927(昭和2)年にライデン大学のオンネスのところで研究されていた木下正雄先生が帰朝さ

図14　大阪市大の水素液化機と筆者

れ，理研に研究室をつくられると間もなく純国産で水素液化機をつくろうと考えられた．しかし当時の日本の技術では水素圧縮機ができなかった．

　1962(昭和37)年になると，大阪市大でも留学生がおくれるようになったので，信貴さんにオックスフォード大学のクラレンドン研究所にいってもらった．信貴さんがクラレンドン研究所で与えられた研究テーマは，ネプツニウム Np とプルトニウム Pu に超伝導性があるか？　という問題であった．

　どちらの元素も超ウラン元素である．ウランの原子核 U238 に中性子をあてるとウランの同位元素 U239 になるが，これはベータ線を出して Np239 になる．この新元素は 1939(昭和14)年に発見された．

　Np239 は半減期 2.3 日の不安定元素で，ベータ線を出して Pu239 になる．このような新元素の超伝導性を調べるには，1K 以下の温度が必要であった．

　そのような低温度にするには，ヘリウムの同位元素 He3 の液体を使用するのが適当と思われた．しかし He3 は非常に少ない元素であるから，その液体で冷却するのはたいへん困難な仕事であった．

　それでも信貴さんの研究グループは，Np については 0.41K まで，Pu では 0.5K 以下まで冷却することができた．

　Np については超伝導らしい現象がみとめられたが，確認はできなかった．しかし間もなくソ連で 0.4K での超伝導が確認された．

　信貴さんは 1963(昭和38)年 1 月に帰国すると，ヘリウム液化機の製作にとりかかった．水素の液化にはすでに成功していたので，カスケード型の少し小型のヘリウム液化機をつくった．完成したのは 1964(昭和39)年 4 月であった．

　クラレンドン研究所で低温の研究を始めたのはリンデマン[1]で，1931(昭和6)年であった．ドイツ製の小型液化機で液体水素をつくった．彼はドイツの有名な物理化学者ネルンスト[2]の弟子である．オックスフォード大学で物理学の教授をしていた．

　その頃，ケンブリッジ大学では有名なキャベンディッシュ研究所の中にカピッツァを主任にした立派な低温研究室をつくった．リンデマンはそれに見劣り

---

[1] F. A. Lindéman　　[2] H. W. Nernst（1864～1941）

がしないような研究室を計画した．1932(昭和7)年の暮れにはヘリウムの液化に成功した．これもドイツ製の小型液化機による．

さらに，化学工業で有名なICI社の社長がリンデマンの友人であったので，経済的援助をたのみドイツから有力な低温の研究者をオックスフォードにやとい入れるのに成功した．

ドイツでは次第に勢力をますナチスをきらい外へ脱出しようとする学者が多くなっていた．その一人にシモンがいた．

父はベルリンで金物商をいとなんでいたユダヤ人である．ミュンヘンやゲッチンゲンで大学生生活をしていたシモンは，第一次大戦が始まると砲兵隊員として出征した．2度も鉄十字勲章をもらうほど勇敢であったが，2回も戦傷をうけた．1回めは軽傷であったが，2回めは重傷で入院しなければならなかった．3か月ばかり入院しているうちに大戦も終わり，1919(大正8)年の初めにはベルリンに帰れた．2月にはフリードリッヒ・ウィルヘルム大学に入学の手つづきをすました．

1920(大正9)年1月にはネルンストから"低温度における比熱の研究"というテーマを与えられた．これが彼の低温研究の始まりである．

大学卒業後はしばらくネルンストのもとで研究をしていたが，1930(昭和5)年の末にはブレスラウ大学の教授になった．

その頃シモンが設計した小型水素液化機はたいへん好評で，広くドイツ国内で使われたばかりでなく米国でも使用された．

液体水素の次は液体ヘリウムであるが，当時のヨーロッパではヘリウムの入手がまことに困難であった．

シモンは僅かにヘリウムを含むモナズ石の砂を熱するという方法でヘリウムを集め，17リットルできたところで液化したところ，25 ccの液体ヘリウムが得られた．

それには脱着法が使われた．これは液体水素で充分に冷却した活性炭にヘリウムを吸着させ，断熱状態にしてヘリウムを排気すると活性炭が低温になるので，それで冷却しながら少し圧力を加えたヘリウムを送りこむと液体はヘリウムが得られる．

大量の液体ヘリウムを必要とする実験には不適であるが、目的によっては充分に役に立つ装置である。しかもヘリウムのロスがないという利点もあった。

シモンの研究室にはハンガリー人のカーティ[1]、メンデルスゾーン[2]らが集まってきた。メンデルスゾーンはシモンの従弟で前から助手をしていた。

リンデマンがドイツ製液化機を入手したとき、オックスフォードに持参し、試運転までおこなったのはメンデルスゾーンであった。

シモンは圧縮機を必要としない小型ヘリウム液化機をも考案した。これは液体水素で冷却した容器をヘリウムの高圧ボンベにつなぎ、断熱状態にしてヘリウムを噴出させるとヘリウムの一部は液化する。

5リットルの液体水素を使って1.2リットルの液体ヘリウムが得られた。これは膨張法とよばれ多くの低温研究者に使われるようになった。米国で最初に液体ヘリウムがつくられたのもこの方法によっている。

このような小型ヘリウム液化機をドイツから持参したシモンやカーティが、オックスフォードにおちついたのは、1933(昭和8)年の夏であった。

クラレンドンで始めた実験はブレスラウにいたときの研究のつづきで、ネルンストが発見した熱力学第3法則をたしかめることであった。

それには低温度での測定が必要で、最初は液体水素の温度での実験であったが、それでは不充分なのでさらに低温の液体ヘリウムでの実験が始められた。

シモンの実力は英国でも次第にみとめられて、1935(昭和10)年には王立研究所から金曜日の夜間講演をたのまれるほどになった。

この講演はファラデーの時代からつづけられている通俗講演で、英国で一流の学者でなければ依頼されない有名な講演会である。

1936(昭和11)年の夏にはロンドンの科学博物館で超低温についての特別講演会があり、講師にはリンデマンとシモンがたのまれた。

シモンはこのとき初めて磁気冷却法について講演をした。液体ヘリウムによると0.7 Kが最低の温度であるが、磁気冷却法によると約0.01 Kまで達することができる。

---

[1] N. Kurti [2] K. Mendelssohn (1906〜1980)

磁気冷却の理論は1926(昭和元)年にデバイ[1]とジオーク[2]が独立に発表している．デバイはオランダで生れ，ドイツで教育をうけた後ヨーロッパ各地の大学につとめた．その後アメリカにわたって最後はコーネル大学の教授になった．固体の比熱の理論に関する研究が特に有名である．1936(昭和11)にはノーベル化学賞をもらった．

　ジオークはバークレー大学の教授で酸素の同位元素O 17，O 18を発見した．1949(昭和24)年にはノーベル化学賞をもらった．

　磁気冷却の実験は1933(昭和8)年頃から始まった．これは常磁性の物質，たとえばクローム・カリ明ばんを強い磁場のなかにおき，液体ヘリウムで1 K付近の低温度に冷やしておいて磁場をとり去ると，0.01 Kあたりまで温度を下げることができる．これは断熱消磁法ともよばれている．

　シモンは磁気冷却には興味をもっていたが，クラレンドンには充分な強さと大きさの磁場がつくれる電磁石がなかった．

　冷却する常磁性体やそれを予冷するための液体ヘリウムの容器を磁場のなかに入れなければならないから，磁場のある空間もかなりの大きさになる．

　そのような条件をみたす電磁石はパリの近くにある研究所にしかなかったので，シモンとカーティはオックスフォードからパリまで実験装置をもって出かけなければならなかった．このような状態は1935(昭和10)年8月から1938(昭和13)年4月までつづいた．そして0.01 K付近での研究に成功した．使用した電磁石は鉄芯の直径が1 m，重量が100トンもある巨大なものであった．

　1942(昭和17)年から1947年にかけては，第二次大戦や戦後の混乱で低温に関する研究はクラレンドンでもできなかった．しかしシモンは前にも述べたようにU235の分離について大活躍をしている．

　戦後シモンがとりあげた研究テーマは原子核の磁気を利用する磁気冷却であった．この問題は戦前から考えられていたもので，シモンが1939(昭和14)年に発表したものによると，0.01 K付近の温度で5～10万ガウスの強磁場が必要であった．

---

[1] P. Debye (1884~1966)　　[2] W. Giauque (1895~1982)

普通の鉄芯を利用する電磁石では鉄の磁性に飽和性があるので，2〜3 T（Tはテスラ，1 T＝1 万ガウス）の磁場しか得られない．それより大きな強磁場をつくるには鉄芯なしのソレノイドだけの電磁石が使われるが，それには大電力と発生する熱をとり去る大量の冷却水が必要になる．最近は超伝導磁石が使われるようになった．

　クラレンドンではソレノイドだけを利用する電磁石をつくり，シモンはカーティらの助力を得て 1956（昭和 31）年に核磁気冷却の実験に成功した．

　まず今までに知られている磁気冷却で 0.02 K まで冷やし，それから核磁気冷却で 0.00002 K あたりまで冷却することに成功した．シモンが最初に使ったのは銅であったがアルミニウム，タリウムでもよい．

　第二次大戦中アメリカの工業大学を見たシモンは，英国の工業教育がたいへんおくれているのに気がついた．この点では友人のロード・チャーウェル（リンデマン）も同意見で，1951（昭和 26）年 2 月に上院で高度の工業教育の必要性を主張した．

　1956（昭和 31）年 3 月にはシモン自身もサンデー・タイムズに意見を発表して，"文部大臣もこの問題がよくわかっていないのではないか？ 工業界もこの問題を重要視していない．研究をするより特許を買った方が安いと思っているから英国の優秀な技術者がアメリカにいったのだ"と述べている．実際に，第二次大戦中アメリカで指導的立場にいた技術者は，英国からの渡米者が多かった．

　1949（昭和 24）年に日本で新制大学が発足すると，大阪市大では渡瀬さんが宇宙線の研究を開始して乗鞍岳に観測所をつくった．その少し前に朝日新聞社から宇宙線観測のために研究費がでていた．

　渡瀬さんが宇宙線の研究を始めたのは 1935（昭和 10）年で，阪大の物理教室で菊池研究室にいた頃である．阪大の屋上にタンクをつくり，その中の水の深さをかえて宇宙線の強さを測定していた．

　日本の宇宙線研究は 1932（昭和 7）年から始まる．理研の仁科研究室で開始された．アンダーソンが宇宙線のなかに陽電子を発見した年である．

　アンダーソンは，カリフォルニア工科大学でミリカンの指導で宇宙線の研究

をしていた．磁場のなかで作動するウィルソンの霧箱を使って宇宙線の写真を撮影しているときに陽電子を発見したのであった．

1934(昭和9)年に日本学術振興会第十小委員会ができ，宇宙線の研究が本格的に始められた．委員長は気象学者の岡田武松氏，主任が仁科先生であった．

宇宙線研究の歴史は古く，1910(明治43)年頃から始まっている．その前から検電器の自然放電が問題になっていた．

検電器をいかによく絶縁してもわずかながら放電がつづくので，20世紀の初め頃から，その原因について研究がされるようになった．

初めは地面の近くに放射性物質があり，それから出る放射線が原因であると考えられていた．

1910(明治43)年にウルフ[1]がパリのエッフェル塔に昇って検電器で調べたところ，明らかに放電が弱くなっていた．

その翌年，オーストラリアの物理学者ヘスが検電器をもって気球に乗り，放電の強さを調べたところ高さ4.5 kmまでは明らかに弱くなったが，それから昇ると次第に強くなり，5.3 kmになると地上での強さの数倍になることが明らかになった．

ミリカンもこの問題に興味をもち，1921(大正10)年頃から自記装置をつけた検電器をのせた気球をとばしたり，湖底に沈めたりして測定した結果，地球の外部から透過力の強い放射線がくることをみとめ，1926(大正15)年には宇宙線 Cosmic Ray と名前をつけた．

1927(昭和2)年から1928年にかけてオランダの物理学者クレイ[2]は，オランダからジャワまでの航海で宇宙線の強さに変化があるのに気がついた．

これは緯度効果とよばれるようになり，原因は地磁気の影響ではないかと考えられた．もしそれだとすれば宇宙線の正体は帯電粒子でなければならない．

重要な問題なので，1930(昭和5)年からシカゴ大学の教授であったコンプトンも研究を始めた．アラスカ方面，赤道付近，南極方面で測定した結果，1932(昭和7)年には宇宙線の緯度効果を確認することができた．

---

[1] T. Wulf　　[2] J. Clay

したがって，日本の宇宙線研究が始まったのは欧米に比べて大変おくれて出発したものではなかった．

　阪大で渡瀬さんは宇宙線の研究をつづけたかったのであるが，1936(昭和11)年から菊池研究室でサイクロトロンの建設が始まり，渡瀬さんはその方に移ったので宇宙線研究は中止された．

　サイクロトロンが完成し実験ができるようになった後，渡瀬さんが着手したのはラビの装置の建設であった．

　この装置は，コロンビア大学にいたラビが分子線を使って原子核の磁気モーメントを精密に測定するために考案したものであった．

　渡瀬さんはこの装置で放射性原子核の磁気モーメントを測定しようと考えていたのであったが，太平洋戦争が始まり，ついに完成にいたらなかった．

　渡瀬さんは，前にも述べたように，1943(昭和18)年の8月から海軍技術研究所電波研究部島田分室に出向した．島田での研究は，"およそ戦争に役立ちそうもない超巨大磁電管などを開発してお茶をにごしていた"というのが渡瀬さんの戦後の話であった．

　菊池先生は1950(昭和25)年に米国にわたり，コーネル大学やバークレーで2年ばかり研究して帰られた．1954(昭和29)年に突然に原子炉予算が組まれ，翌年には東大に原子核研究所ができて菊池先生はその所長になられた．

　後に東京理科大学長になられた先生は理化学研究所の研究員をかねておられたが，ウランの同位体U235の分離を熱心にすすめられた．

　それは気体拡散法で，1967(昭和42)年から開始され，2年ばかり後には少量ながらU235が得られるようになった．この方法は前にも述べたように英国のシモンらが開発し，米国では実際にこの方法で原子爆弾をつくっている．

　しかし，第二次大戦中ドイツで開発された遠心分離法が有利であることが明らかになってきたので菊池先生の努力は日本では実を結ばなかった．

　いわゆる原子力の平和利用に着手したのは英国が早かった．1944(昭和19)年秋にカナダのモントリオールの近くにあるチョーク・リバーに，実験用原子炉ジープZEEPをつくった．

　これは重水を使用する原子炉でありプルトニウムをつくるのが目的で，責任

者はコッククロフトである．彼はそれまでレーダーの研究改発に従事していた．したがって原子炉についてはモントリオールについてから学習を始めた．

コッククロフトは原爆装置にはほとんど関係せず，1945(昭和20)年7月16日にアラモゴルドでおこなわれた原爆実験にも立ちあっていない．しかし広島に原爆投下があった三日前にワシントンで開かれた重要会議にはチャドウィックらと出席している．

英国の原子力に関する基礎研究所の構想をコッククロフトがつくったのは，1944(昭和19)年11月であった．

それによると黒鉛を使う原子炉，同位元素を分離するための電磁装置，イオン加速装置などを設備するようになっていた．

実行にとりかかったのは1945(昭和20)年4月で，第二次大戦が終わる前である．研究所をつくる場所は清水が豊富に得られること，交通，通信が便利な場所，付近に大学があることが条件になっていた．そしてオックスフォードの近くのハーウェルが選ばれた．ロンドンまでは約90 km，オックスフォードまでは北に約30 kmのところにあり，近くをテームズ河が流れている．

第二次大戦中は飛行場であった場所に研究所をつくることになった．コッククロフトが所長と決まったのは1945(昭和20)年9月であった．

その下にICI社からヒントン[1]が転任してきた．彼はコッククロフトと相談して黒鉛を使う実験原子炉（O-BEPO）をリズレーにつくることになった．

1947(昭和22)年8月には黒鉛を使った低エネルギー実験原子炉GLEEPが動きだした．これは放射性同位元素をつくるのが目的の原子炉である．

1948(昭和23)年7月には少し大型にした原子炉BEPOが動きだしたので，放射性同位元素の装置はこちらへ移された．

英国では1946(昭和21)年の春に水冷式の黒鉛原子炉にするか，原子燃料は濃縮ウランか天然ウランか？という論争があった．

ヒントンの意見では，ウランを濃縮するとすれば拡散装置をつくるのに4年かかるから天然ウランを使用するのがよいということであった．

---

[1] Sir C. Hinton（1901〜 ）

しかし主としてチャーウェル（旧姓リンデマン）の意見で，1955(昭和30)年完成を目標にして濃縮ウランをつくる目的の拡散装置もつくることになった．これは1948(昭和23)年11月である．明らかに原爆製造を念頭に入れた計画であるがハーウェルでは重要視しなかった．

原爆に関する研究はハーウェルから近いアルダーマストンでおこなわれることになり，ペニー[1]が責任者となった．彼は数学者であるが，ロス・アラモスでは原爆製作に従事し，長崎空襲のときは観測者として爆撃機に乗り組んでいた．

ハーウェルには一般物理学，化学，同位元素，核物理学，保健物理学，理論物理学，電子工学，冶金学，原子炉物理学，工学の各部門ができ，ロス・アラモスから帰ったフリッシュは核物理，クラウス・フックスは理論物理の主任になった．

大型の原子炉をつくるとなると水冷か空冷かという問題がおきたが，1947(昭和22)年4月の時点でコッククロフトは空冷を主張し，ヒントンもそれに替成したのでウィンズケールに熱出力200 MW（メガ・ワット）の原子炉2基をつくることになった．

1949(昭和24)年9月23日，米国政府はソ連が最近，原子爆弾の実験をしたらしいと発表した．米国政府の予想ではソ連の原爆完成は恐らく2年後であろうと思っていたので，これにはたいへん驚いた．

英米両国が航空機を使って上空を調べると明らかに放射性物質の存在がみとめられたので，ソ連の原爆実験は事実と確認された．

ソ連で予想外に早く原爆がつくられたのは米国から情報が流れたのであろうと思ったので，第二次大戦中に米国陸軍の通信部隊が傍受した記録を調べてみると，ニューヨークにいたソ連の外交官とモスクワとの交信が1944(昭和19)年にあったのが発見された．その交信から当時ニューヨークで原子爆弾の計画に従事していてクラウス・フックスの名前がわり出された．

フックスはそのため1950(昭和25)年から14年の禁固刑を受けることになっ

---

[1] W. Penney

たが，服務状態がよかったために1959(昭和34)年に出所がゆるされ東独へ追放された．

その後ドレスデンの近くにある原子核研究所の副所長に任命され，科学学士院でも講義をすることになった．

フックスは1979(昭和54)年に引退したが，その後も元気で原爆の廃止を熱心に主張していた．

フックス以外にもソ連のスパイはいた．ナン・メイ[1]はその一人で，カナダのモントリオール研究所にいた．

彼は，U235とU233の少量を原爆研究の現況報告とともにソ連側にひきわたしていた．すぐれた物理学者で第二次大戦が終わると間もなく，ロンドン大学で教職についている．

彼のスパイ行動は前から探知されていたので，1946(昭和21)年3月にはロンドンの警察当局によって逮捕され10年の刑を宣告された．

戦時中，議会でチャーチルは"英国はソ連に対しあらゆる技術的援助を行っている"と述べていたので，ナン・メイの刑は重すぎるという批判もあった．

1950(昭和25)年夏にはイタリア系の科学者ブルノー・ポンテコルボ[2]がハーウェル研究所からいなくなった．

彼は夏期休暇にヨーロッパに出かけ，そのまま行方不明になってしまったが，後にモスクワの原子核研究所にいるのが明らかになった．彼もソ連のスパイと見られている．

1953(昭和28)年3月，英国政府はPIPPA型原子炉をウィンブケールの近くのコールダー・ホールにつくることを決めた．

この原子炉は工業的規模でプルトニウムをつくり動力も得られる型で，熱出力150MW，電力としては35MWが得られる設計であった．

天然ウランと黒鉛を使い，冷却には二酸化炭素を使用する．この世界最初の大規模原子力発電所の開所式は1956(昭和31)年10月17日におこなわれ，女王の出席もあった．

---

[1] Alan Nunn May　　[2] Bruno Pontecorvo

中国の原爆—*1949*年

中国の原爆計画について述べてみよう．第二次大戦中，中国の物理学者・銭三強はパリのジョリオ・キュリー研究所にいた．1949(昭和24)年にできたばかりの中共政府は銭三強に外貨をおくり，原子核研究用の装置を買って帰国するよう依頼した．

彼はジョリオ・キュリー夫妻の援助で，英国やフランスで目的の装置をととのえることができた．

中国の放射能化学者がパリから帰国するにあたっては毛沢東に伝言があった．それによると"中国は原爆をもつべきで，それに対する援助はおしまない"という内容である．

ジョリオ・キュリー夫妻は米国の原爆計画に不快感をもっていた．毛沢東も最初は原爆の威力をみとめていなかった．しかし朝鮮戦争の経験により，その考えをあらためなければならなくなった．

1950(昭和25)年に朝鮮戦争が始まると北鮮軍が圧倒的に強く，韓国軍は朝鮮半島の南部に追いつめられた．しかし9月に米国軍が仁川に上陸すると形勢はたちまち逆転して，10月中旬には米韓連合軍は中国との国境線・鴨緑江の近くまで追いかえした．

10月下旬になると中共は人民義勇軍を朝鮮におくりこみ，米軍と戦うことになる．米国も一度は原爆使用まで考えたが，1953(昭和28)年7月には停戦協定を結んだ．

50万といわれた人民義勇軍は人海戦術で近代装備の米軍と戦ったのであるから，多大の死傷者が出たのはいうまでもない．

台湾にのがれた国民政府は，1954(昭和29)年には米国と相互防衛条約を結んだ．このような状態になったので中共も原爆問題をとりあげざるを得なくなった．

1955(昭和30)年1月になると，周恩来は銭三強ら数名の専門家を集めて原爆に関する意見を聞いたが，銭は物理学研究所の所長として原爆や中国の原子核研究の現状について説明した．周恩来はその時に同席していた地質学者にウラニウム鉱について質問した．銭三強は原子炉や核兵器の基礎的な知識について説明をしている．

それから間もなく毛沢東も原爆の製作に同意したが，ソ連の全面的な援助を期待していたのであった．ソ連もその頃は，中国や東欧諸国の原子核エネルギーの平和利用については援助するつもりになっていた．

中国にはサイクロトロン，原子炉，研究用の核分裂物質などを供給する計画ができ上がっていた．中国はソ連に戦略物質を見返りとして送る計画があった．そして両国は共同で中国内のウラニウム鉱開発を実行する約束もできた．

毛沢東は原爆についてはまずソ連の指導を受けるが，やがて独立して中国内でつくる決心をしていたようである．

中国の科学技術に関する予算は1955(昭和30)年には1千5百万ドルであったが，1956年には約1億ドルになり，西側から買入れる自然科学文献に関する予算は1957(昭和32)年には1953年の3倍になった．

1955(昭和30)年から原爆計画を進めるために科学者の組織化を開始し，国外に出ていた科学者を帰国させ始めた．

現代物理学研究所を新しくつくり銭三強を所長にして，原子核の研究に重点をおくことにした．

エジンバラのマックス・ボルンのところで理論物理学を研究していた彭桓武は帰国して1960(昭和35)年代には原爆と水爆の設計に従事することになる．

原爆をつくり実験する場所は中国の西北部・青海，新疆地区とし，1960(昭和35)年代後半に準備はととのったらしい．

そのあたりまで中共はすべてソ連の指導で原爆計画を進めていたが，ソ連でフルシチョフが勢力を得てからは中ソの関係は少しずつ悪化していった．

1960(昭和35)年になるとソ連は中共にいた技術者を引きあげ，原子核工業に関する装置も材料も中国に送らなくなった．そして8月には原爆に関する全ての援助を打ち切ってしまった．

原爆の材料となるウランを中共が本格的にさがし始めたのは，1955(昭和30)年である．ソ連の援助のもとに開始したのであった．その前年に，中国の地質学者が江西地区でウラン鉱を発見し，毛沢東と周恩来には報告がとどいていた．

中共の建国当時には地質学者は200人ばかりしかいなかったが，1956(昭和

31)年には約500人になり，1958(昭和33)年にはウラン探知用の放射線測定器も国産でつくれるようになっていた．

その年の5月には湖南省の柳州の近くに中国最初のウラン鉱山が開発された．その後，次第にウラン鉱山が発見され，1962(昭和37)年から1965年にかけては8か所の鉱山が開発された．ウランを必要とするソ連の協力が有力に作用していた．

それより前，1958(昭和33)年には有名"大躍進"が始まった．これは工業と農業を飛躍的に発展せしめようという政治的な試みであった．

その年の中ごろには"全国民はウランの発掘に従事せよ"というスローガンもかかげられた．その結果，湖南，広東などの地方では多数の農民がウラン鉱の採収に動員され，1961(昭和36)年までに150トンのウランが集められた．

農民が集めたウラン鉱は原始的な方法でエロー・ケーキと呼ばれるウラン化合物につくられる．エロー・ケーキは特定の場所に集められて，当局者が適当な値段で買いとっていくという方法がとられた．

次は酸化ウランをつくらなければならないが，そのためには1960(昭和35)年に北京の近くに酸化ウラン製造プラントがつくられた．英，米，ソ連で採用された方法を参考に製造を始めたものの，中国製のエロー・ケーキは不純物が多く困難な作業になった．しかし，1961(昭和36)年の秋には2377kgの酸化ウランができた．

酸化ウランの次には4フッ化ウランをつくらなければならないが，そのための工場は内蒙古の包頭につくられた．

ソ連の援助で1956(昭和31)年に建設が始まったものの，1960年にはソ連の援助が打ち切られてしまったことは前に述べたが，中共の技術者の努力で1962(昭和37)年12月には4フッ化ウランの大量生産が可能になった．

4フッ化ウランから6フッ化ウランをつくる計画にもソ連の援助が組み込まれていたが，1960(昭和35)年に絶望的になった．そこで中共政府は北京の近くにあった物理学研究所を拡張してこの問題と取り組むことにした．1960(昭和35)年7月である．

3年間に10トン以上の6フッ化ウランをつくる予定で，4300人の所員を集

めた．

　ソ連や西側諸国の文献を調べてみると，設備の重要部分にモネル合金が必要なことがわかった．しかしこの合金は中国では入手が困難である．

　モネル合金はニッケルと銅が主体になっているが，中共の技術者は苦心のすえ代用品をつくるのに成功した．

　原爆の材料は前にも述べたようにプルトニウムでもよいので，米国で最初に成功した原爆も長崎におとされたのもプルトニウムを使用したものであった．ソ連が1949(昭和24)年8月に最初に実験したのもプルトニウム爆弾であった．しかし広島におとされた原爆やソ連が1951(昭和26)年10月に実験したのは，ウラニウムU235を使った爆弾であった．

　原爆に使うにはU235が90％以上でなければならないが，原子炉に使用するのは3％の程度でよい．しかし，天然のウラニウムはU235が0.7％しかないから濃縮しなければ使うことができない．そしてそれには高度の技術が必要である．

　1958(昭和35)年の中共はそのような技術をもっていなかったので，ソ連に頼らざるを得なかった．それより前，1954(昭和29)年10月には，中・ソ2国内に原子力協定が結ばれて，ソ連は中国に充分な援助をすることになっていた．

　それにしたがって，1954～56年には中国からソ連におよそ5800人の学生がおくりこまれていた．特にモスクワの近くのドブナにある原子核研究所には数百人の中国人技術者が教育を受けていた．

　周恩来は特にこの方面の教育に熱心で，文部大臣に命じて原子核教育推進組織をつくらせた．1958(昭和33)年には北京大学に原子エネルギー学科をつくらせ，蘭州大学にも同様な学科をつくり，ソ連人の講師を採用している．1955(昭和30)年から1989年の間にこのような専門教育を受けた学生は22,124人になった．

　原爆の材料になるプルトニウムの製造を中国が始めたのは1958(昭和33)年で，そのための原子炉は酒泉地区につくられた．ゴビの砂漠の近くである．ソ連の援助で始められた．原子炉の設計ももちろんソ連によるもので，グラファ

イトと軽水を使って天然ウランからプルトニウムをつくる．正式に動き始めたのは1967(昭和42)年である．

U235を濃縮する方法で実用になっていたのは，1950(昭和25)年代では気体拡散法しかなかった．それが実際に働いていたのは米国とソ連だけであった．したがって中国は気体濃縮法を採用したのは当然のことである．しかしそれには高度の工業技術と豊富な電力，大量の水が必要である．

中共はこのような条件を考えた後，蘭州にウラン濃縮工場をつくることにした．大量の水は付近を流れる黄河から得られるし，火力発電を可能にする炭坑も近くにあったからである．このような計画がつくられた背後にはソ連の援助があったのであるが，中共としては，ソ連の指導は受けるが工場は自国民の手で完成したかったのである．しかし重要な点についてはソ連が明らかにしなかった．

1960年になると"大躍進運動"の政治的失敗と自然災害が重なり，中国は全国的な食料難にみまわれた．蘭州の濃縮工場は完成せず，重要な装置の組み立てが終わらないうちに食料不足におそわれ，従業員の大多数が栄養失調におち入った．

そのような時にソ連の技術者の引きあげがあったので，中共の原爆計画は全く絶望的状態になった．しかし周恩来はこの機会をとらえて，中共はソ連の援助なしに自国民の手で原爆をつくるべきだと主張した．

中共はソ連のドブナで研究していた科学者たちを呼びかえした．蘭州へは集中的に食料を送りだした．技術者を動員して，全国各地に散在している物件，設備など，この計画に重要と思われるものを全部調べ上げた．そのような努力の集積として，1961(昭和36)年の終り頃には基礎的な部分はつくることができた．

気体拡散法には，多数のポンプが必要であるが，UF_6の気体は腐食性が強いので特別の潤滑油を使わなければならない．しかしソ連の技術者は引きあげるとき，この油を秘密の場所に隠してしまった．

しかし中共の石油化学者は，その代用品をつくるのに成功した．このような努力の積み重ねで，蘭州の気体拡散工場は国家的大事業になったが，1963(昭

和38)年の中頃には順調に動き出し，10トン以上のUF$_6$をつくるのに成功した．

1964年1月には純度90%のU235ができるようになった．

中共の原爆基地の建設は1958(昭和33)年から始まる．場所は中国の北西部，青海地区にある青海湖の東である．

2000人以上の軍人，9000人の労働者を動員し，人民解放軍の工兵隊，土木技術者の応援を得て，基地のための鉄道，道路まで建設した．

そして，全国的な食料不足にもかかわらず大量の大豆や缶詰を送りこんだ．1962(昭和37)年末には基地は完成して，研究室，発電所，機械工作室，宿舎，爆発物試験場などができ上がった．

米国の原爆計画には多くの物理学者が協力したが，中共でも同様であった．

王塗昌は核分裂の研究で有名なマイトナーの指導を受け，1934(昭和9)年にはベルリンで学位をもらっている．その後，宇宙線の研究もしていたが，1937(昭和12)年には帰国し，上海で物理学を教えていた．

その後，米国にいきカリフォルニア大学で原子核物理の研究をした後，1952(昭和27)年からは素粒子物理学の研究を始めた．1956(昭和31)年からはソ連のドブナで原子核の研究をしていたが，1960(昭和35)年には中共政府の命令で北京で原爆の計画に従事することになった．

朱光亜は第二次大戦後，米国にわたりミシガン大学で原子核物理を研究して学位をもらった．帰国後，中共政府の命令で各地の大学に核物理学科をつくった．また各大学の物理学科の整備に努力した．

特に彼が力をそそいだのは理論と応用の結びつけで，質の向上をはかりながら注意ぶかく進めていった．その実力は周恩来のみとめるところとなり，1960(昭和35)年から70年代にかけて中共政府の重要人物となった．

1962(昭和37)年10月には特にすぐれた科学技術者126人を選び，原爆の製作に従事させることになった．

特理学者の王と陳は原爆内の核物質以外の機構の製作，朱と彭は中性子による起爆装置の責任者となる．

原爆には"打込み型"(広島型)と"圧縮型"(長崎型)の2種類があるが，

中共は長崎型を選んだ．理由はよくわからない．

　この原爆は中心に核爆発をおこす物質をおき，周囲を普通の爆薬で囲む．その爆薬をまず爆発させて中心の核物質を圧縮し，それに中性子を作用させて核爆発をおこさせるようになっている．

　どのような爆薬を選び，それをどのように配列したらよいか？　これが王と陳が解決しなければならない問題であった．

　北京の北，長城の近くで4回以上の実験をくりかえした結果，1962(昭和37)年9月には目的を達することができた．

　次は起爆作用をもつ中性子源をいかにするかの問題である．中共はポロニウムとベリリウムを使うことにした．ポロニウム原子核から出るアルファ粒子をベリリウム原子核にあてると中性子が出るのはよく知られている事実である．

　特に銭三強はパリでキュリーの研究室にいたので，これらに関する知識は充分にもっていた．しかし爆薬が爆発して分裂核物質を圧縮した時間に中性子を打込むにはたいへん高級な技術を必要とする．この難関も1963(昭和38)年9月には突破することができた．

　次は原爆の組み立てであるが，これに関する全ての技術はソ連の技術者がひきあげるときに持ち去ってしまった．

　持ち去ることができなかった記録は全て破棄したが，廃棄物は残っていたので，中国の技術者はそれを回収して解決することを始めた．その責任者は理論物理学者，鄧稼先であった．

　その後，鄧は理論物理学者を3群にわけた．第1群は高温，高圧のもとにある物性の研究で，これは自ら指導する．

　第2群は力学の専門家で，原爆に関する全ての力学的現象を研究する．責任者は周光召である．ソ連のドブナで彭桓武の指導を受けている．

　第3群は流体力学と数学の専門家の集団である．原爆設計に必要な流体力学の研究をうけもつ．そして3群の総責任者は鄧であった．

　濃縮ウランを芯として周囲を高爆薬で包む圧縮型原爆の理論は，1962(昭和37)年の終りにはでき上がっていた．

　1963(昭和38)年12月には，UF_6を使う気体拡散法によって純度のよい

U235が得られた．しかしこれを原爆に使うには熔かして鋳物にしなければならないが，そのとき気泡が発生するので，その除去に苦労しなければならなかった．

次は原爆に使用するためU235を適当な形に仕上げなければならないが，1964(昭和39)年4月にはそれもでき上がった．

このような作業はゴビ砂漠の西，ロプ湖（ロプ・ノール）の近くに新しくつくられた工場地帯でおこなわれた．

原爆ができれば，その実験場が必要になる．それは，1958(昭和33)年の終わり頃からさがされていた．そして天山山脈の南側で，ロプ・ノールの西北400kmほどのところに適当な場所が発見された．

広さがおよそ10万平方kmの実験場の建設が始まったのは，1960(昭和35)年の初めである．およそ10万人の労働者を使った人海戦術であったが，大部分は国共戦の捕虜と囚人であった．全国的な食料不足の時代であり，しかも付近は降雨量もたいへん少ない地点であったので作業は困難をきわめた．

実験場には研究所が必要で，研究員の宿舎もつくらなければならないので，天山山脈のふもとのマランを選び建設することになった．これは実験場の西北およそ150kmの地点である．この実験場は"ロプ・ノール核兵器実験基地"と名づけられ，マランはその中心都市となった．

1964(昭和39)年になると，中共最初の原子爆弾はこの実験場に運びこまれることになる．原爆は2個に分解され，1個は鉄道で，他は航空機で運ばれた．

実験場には高さ120mの鉄塔が組み立てられ，その上に原爆がおかれた．実験は建国記念日の10月1日に実行する予定であったが，気象条件がわるかったので16日に延期された．その日の15時，中国最初の原爆実験がおこなわれた．鉄塔から23kmはなれた地点から電気信号で起爆された．

キノコ雲が立ち上がると，それを貫通するように特別機が飛ばされた．それと同時に飛び立った他の航空機はその周囲を36時間飛行して空中に飛散した物質を集めた．砲兵隊はロケットを飛ばしてキノコ雲の中の物質を収集した．

この原爆の威力はTNT20キロ・トンと発表されているから広島におとされ

た原爆とほとんど同じ大きさであった．

　中共政府は間もなく声明を発表して"この実験の成功は中国人民が国防力増強に努力した結果であり，米国の原爆による帝国主義的行動に反対するものである"と述べた．

　中国が水爆製造にとりかかったのは1959(昭和34)年で，1960年には原子エネルギー研究所で理論物理学者が活動を開始した．

　1964(昭和39)年5月には，周恩来が水爆を早くつくるよう命令を出している．

　中国の計画している水爆は，ソ連が成功した型でリチウムを利用する．リチウムには安定同位体 Li6 (7.5%)，Li7 (92.5%) がある．

　Li6と重水素の化合物に中性子が作用すると，重水素と3重水素（トリチウム）とヘリウムができる．

　2個の重水素原子核が結合すると3重水素の原子核と陽子ができる．

　重水素原子核と3重水素原子核が結合するとヘリウム原子核と中性子ができる．

　このような原子核の結合のとき大きなエネルギーが発生して水素爆弾になるが，核融合爆弾ともいわれる．

　これをつくるにはリチウムと重水素が必要である．リチウムはアルカリ金属の一種で化合物になって鉱物の形で出る．重水素は重水をつくらないと集めることができない．

　1964(昭和39)年9月には Li6 の分離ができ，間もなく重水素との化合物 Li6D もつくることができた．これの作業は内蒙古の包頭にある施設でおこなわれた．

　水素爆弾になる核融合反応をおこさせるには 10^8 K強度の高温度が必要なので，それは核分裂が使われる．

　1966(昭和41)年5月に中国が実験したときには U235 の核分裂で Li6 を起爆している．

　1967年6月の実験では多段階爆弾を試みている．これは U235 で Li6 を起爆し，その時に発生する中性子で U238 に核分裂をおこさせようというのであ

る．

　多段階爆弾については，米国とソ連の専門家が1950(昭和25)年代の初めに理論的な研究をおこなっているが，中国の科学者はおそらく文献でその内容を知っていたものと思われる．

　この種の爆弾の実験は中国では間もなく中止されているところをみると，何か難点があったのであろう．

　1966(昭和41)年から67年にかけて中国では文化大革命の真最中で，紅衛兵が全国的にあばれまわっていたときであるが，原爆の製作にはあまり大きなさしさわりにはならなかったようである．これは毛沢東や周恩来が原爆の製作に大きな関心をもっていたためと思われる．

　1967(昭和42)年の原爆実験はロプ・ノールでおこなわれた．このとき原爆は中距離爆撃機にのせられて空中から投下された．

　中心地におかれた鋼板は熔け，中心地から3kmのところにおかれた50トン機関車は18mほど吹き飛ばされた．14kmはなれた地点のレンガ建築は完全に破壊され，巨大なキノコ雲が発生したのはいうまでもない．

第五福竜丸—*1954*年

1954(昭和29)年3月，第五福竜丸の遭難事件がおきた．この船は100トンのマグロ漁船で23人が乗り組んでいた．3月1日マーシャル群島の東のビキニ環礁の付近を航海していた時，午前4時12分西南西の方向の水平線に巨大な赤い閃光があがった．7分後には鈍い爆発音がきこえた．

　爆発方向には雲がたち昇り，みるみるうちに大きくなった．数時間のちには灰のような白い粉が降りだして甲板上に積もった．

　3日後には粉にふれた皮膚が赤く腫れ，火傷のようになった．身体の調子もおかしくなったので漁業をうちきり，3月14日には母港の焼津に帰港した．

　乗組員を診察した医師は放射線障害とすぐにわかったので直ちに入院させ，陸あげされたマグロの追跡にかかった．

　大阪では中央市場に配達されたマグロの放射能を調べ始めた．3月16日のことで，大阪市大医学部の西脇安さんが主任になって，まずガンマ線の有無を調べた．

　これでは大した異常は検出されなかったが，ベータ線を調べてみると魚体はあきらかに放射能をもっていた．

　ベータ線は電子の流れであるからそれを出す物質を人体内にとり入れると危険である．したがってそのような放射性をもつマグロは廃棄されてしまった．

　第五福竜丸の船体が強いガンマ線を出していて，30m近づくとガイガー計数器で検出することができた．

　船上に積もった白い粉を分析するとカルシウムが検出されたので，珊瑚の破片であるのが明らかになった．またアルファ線を出している超ウラン元素も発見された．

　これらのことから原子爆弾の実験であるのは明らかになったが，後に発表されたところによると，これは水素爆弾の実験であり，福竜丸のほかに236人の土民と140kmはなれた地点にあった気象観測所員28人が事故にあった．

　2個の重陽子が核融合をおこしてヘリウム原子核になると大きなエネルギーを出すことは，理論的に明らかになっていたが，これで原子爆弾（水爆）をつくるといいだしたのはE. テラーであった．

　いろいろ論争の結果，テラーの水爆は今の戦争に間にあわないだろうという

ことになり，ウラン，プルトニウムの原爆に重点をおくことになった．

　第二次大戦後，米国は水爆の研究を始め，1951(昭和26)年5月にはマーシャル群島の中のエニウェトク島で第1回の水爆実験をおこなった．もちろんテラーはそれまでに重要な役割をしていた．

　液体にした重水素と3重水素を使い点火剤としてプルトニウム爆弾を使用した．この実験は予想以上の大成功であったが，液体水素を材料とするのであるから実戦に使用できる爆弾ではない．

　その後，前にも述べたように重水素化リチウムを使用する方法が考案され，実用になる水素爆弾ができ上がった．

　第5福竜丸が出合った水爆はこの型のものと思われる．乗組員でいわゆる"死の灰"をあびた久保山愛吉さんは9月23日に放射能症で死去した．

　水爆の威力は高性能爆薬TNTのメガ・トン級といわれているが，広島におとされた原爆は12.5キロ・トンと推定されている．

原子力開発—1954年

日本では 1954(昭和 29)年に原子力予算が突然に出現して内閣には原子力利用準備調査会がつくられ，年末には最初の海外原子力調査団が出発することになった．

　団長は物理学者の藤岡由夫さんで伏見康治，千谷利三，大山義年氏など，一行 15 人であった．

　1956 年の初めには原子力委員会ができ，委員長は正力松太郎氏で，物理学者では湯川，藤岡両氏が委員になった．

　委員会ができると正力さんは "5 年以内に原子力発電所をつくる" と発表してしまった．そして原子力産業会議がつくられ，英国からはヒントンがきてコールダー・ホール型原子炉の宣伝をして帰った．

　秋には訪英調査団が出発して物理学者では嵯峨根遼吉氏が一行に加わった．コールダー・ホール型原子炉を見学した調査団の報告は 1957(昭和 32)年 1 月にあったが，3 月には原子力委員会で英国炉導入の方針を決めてしまった．

　その強引さに怒った湯川先生は原子力委員をやめてしまった．

　そのようなこととは無関係に動力炉受け入れ体制は急速に進行して原電ができ，10 月には安川第五郎氏が社長に決まった．原電(日本原子力発電株式会社)が発足したのは 11 月 1 日であった．

　10 月 4 日にはソ連が人工衛星スプートニクを打ちあげた．これは大阪市大理工学部の近くにあった読売新聞社からの知らせで，その日の午後には知ることができた．

　新聞社にいってみると京大の天文学者，宮本正太郎さんが星図やら分度器をならべてスプートニクの行方を予想していた．新聞社の無線器でスプートニクからの電波 "ピーポー，ピーポー……" の音を聞くこともできた．

　ソ連も米国も，ドイツが第二次大戦中に使った V-2 ロケットで人工衛星を上げる計画をしていた．日本でも東京天文台長の宮地政司先生が人工衛星観測の責任者に決まっていた．

　宮地先生は 3 月に米国のスミソニアン天文台にいき 2 か月ほど滞在されていたが，その時に人工衛星に関する打ち合わせはすんでいたらしい．

　しかしソ連のスプートニク打ち上げは意外だったので，関西では元京大教授

であった天文学者の山本一清先生を中心に急いで観測態勢がととのえられた．

　天文ブームが一時におこり，私はあちらこちらからスプートニクの講演にひき出された．昔の天文少年は大学生のとき天文学の講義はひととおり聴いていたので，通俗講演はなんとかつとめることができ，講演料でコートが一着とととのえられた．私は"フルンチョフ給与"とよんでいた．

　11月8日には東大原子核研究所の開所式があった．所長は菊池先生である．菊池先生は1950(昭和25)年から米国に行かれ，コーネル大学やカリフォルニア大学で研究され1952(昭和27)年に帰国された．

　1953年の夏には東大に全国共同利用の原子核研究所をつくる案ができ上がった．中心人物は菊池先生である．

　この研究所（核研）を東大につくるについては大学からもいろいろの申し出があり，矢内原総長と菊池先生の間には何回も話し合いがもたれた．

　研究所がつくられる田無の町からも核研設立反対の声があがり，菊池先生はたいへんな苦労をされたが，1955(昭和30)年にはようやくすべり出すことになった．その年の7月1日に菊池先生が所長に決まった．

　1959(昭和34)年に菊池先生は日本原子力研究所（原研）の理事長に就任された．原研は1955年に財団法人として設立され，副理事長として物理学者の嵯峨根遼吉氏が就任された．

　1956(昭和31)年に科学技術庁ができると，原研はその下の特殊法人となり，原子力研究全般と原子炉の設計，建設，運転を取り扱うこととなった．場所は茨城県東海村となる．

　1957(昭和32)年8月には実験原子炉JRR1が臨界に達した．これは米国から輸入したウォーター・ボイラー（WB）型研究炉で濃縮ウラン化合物の水溶液を使うものである．

　この頃から大阪，東工大，京大などの大学院で原子力の教育，研究が始まった．その前年，1956(昭和31)年には京大，東工大には原子力学科ができていた．

　1959(昭和34)年になると原子力学会が創立されたり，立教大，武蔵工大には教育用原子炉がつくられる状態になった．しかし原研では何故か労使関係が

悪化しストがたびたび起きるようになった．

その状態を知りながら原研理事長をひき受けられた菊池先生の勇気には感心せざるを得ない．

1960（昭和35）年10月には原研のJRR2原子炉が臨界に達した．これは米国から輸入したCP5型原子炉で濃縮ウランを使用する．1962（昭和37）年9月にはJRR3原子炉が臨界に達した．この炉は天然ウランを使った国産1号炉である．

1963（昭和38）年8月にはJPDR炉が臨界に達した．この炉は米国のゼネラル・エレクトリック（GE）社から買入れた沸とう水型軽水炉（BWR）で，発電設備をもち，10月26日には発電に成功した．日本最初の原子力発電に成功したこの日を"原子力の日"として記念することになった．

原研にJPDRを導入したのは主として原研理事の嵯峨根氏の努力による．

このあたりから原研の労使関係はますます悪化して，ついに菊池先生は1964（昭和39）年6月には理事長を辞任された．

関西にも原研のような原子力関係の研究所をつくりたいという声は1956（昭和31）年秋にあがった．京大に原子力関係の予算がついた年である．

敷地予定地としては宇治が選ばれたが，ここには軍の火薬庫があった．その跡地を利用しようというのである．世話役は阪大の伏見康治，吹田徳雄，京大の木村毅一の諸先生が主であった．

しかし放射能の影響で宇治のお茶が売れなくなるとか，付近を流れる淀川が放射能で汚染されると下流の大阪市の水道が利用できなくなるとかの理由でこの計画はだめになった．

次は高槻市にある京大の阿武山地震観測所の敷地が選ばれたが，ここも反対運動がおきて失敗に終わった．

その頃，英国で原子炉が大事故をおこした．1957（昭和32）年10月，ウィンズケールにあった天然ウランと黒鉛を使う原子炉で火災が発生し，放射性物質が空中に飛散した．

それが付着した牧草を食べた牛のミルクが放射能を帯びたので，ミルクの販売が3か月も制限された．しかもそれがオランダでも放射能が観測されるとい

う状態であった．

　このような思わぬ事件がおきたので関西研究用原子炉の設置はしだいにおくれてきた．しかし1959(昭和34)年には大阪府原子炉設置協議会ができ，委員長には木村毅一氏が決まった．

　12月には四条畷で講演会をひらき，当時の科学技術庁長官の中曽根氏，京大の平沢学長，阪大の正田学長を講師としてむかえた．大阪府はここに原子炉をおきたかったが町民の反対はここでも強かった．

　その後，大阪府は各種民主団体にもよびかけて原子炉問題審議会をつくり，熊取町に関西研究用原子炉がおかれることになった．そして京都大学実験所ができ，所長には木村毅一教授が決まった．

　阪大の伏見教授は新しく名大につくられるプラズマ研究所長をひき受けることになった，1960(昭和35)年5月である．

　その頃，近畿大学では米国から教育用原子炉を輸入した．また大阪市大では物理学，化学，生物学の研究者が集まり原子力調査室をつくり渡瀬教授が室長になった．1957(昭和32)年である．これは後に発展して，1969年には原子力基礎研究所となった．

海外視察—1963年

1963(昭和38)年には外国旅行が少したやすくなっていたので，ミュンヘンで国際冷凍学会がひらかれるのを機会に，欧州から米国を見学に出かけた．

　アラスカを通る，いわゆる北まわりで8月末にミュンヘンについた．ここの大学はゾンマーフェルトとかハイゼンベルクなど，大物理学者に縁が深い．

　学会では米国の低温工学者スコット氏らの顔もみられた．有名なリンデ社の見学もあったが，あまり詳細には案内してくれなかった．研究所は大戦中に疎開したままの状態とかで，ミュンヘン市街から離れたところにあり，バラック建てのままであったが超伝導の研究をしていた．

　ミュンヘンの会議できいていた講演の一つに，絶対温度の常用対数で温度をあらわしてはどうかという発言があった．それだと0Kは$-\infty$となるから到達することが不可能であるのが明白に理解できる．

　リンデ社ができたのは1879(明治12)年で最初は製氷機をつくっていた．リンデはオーストリアで生れ，チューリヒの工業大学を卒業した．

　ミュンヘン工業大学の教授になり冷凍の理論，冷凍機の設計などを講義していたが，1870(明治3)年にはアンモニア冷凍機を発明した．ミュンヘン付近のビールの醸造には冷凍機が大いに必要であったからである．

　空気液化機を発明したのは1895(明治28)年で，間もなく空気分離装置を発明した．これで，重工業に必要な酸素が大量につくれるようになった．

　ミュンヘンには"ドイツ博物館"と呼ばれている有名な科学博物館がある．自然科学から工業に関する多数のテーマを取り扱っている．

　地下室には炭坑内の現場をそのまま人形を使ってあらわした場面もあった．物理関係ではヘルツが電波を発見したときの実験装置とか，分光学で有名なフラウンホーファーの初期の分光器等もならべてあった．

　彼は南ドイツに生れ，父は貧しいガラス職人であった．フラウンホーファーは苦労してガラス工場をつくり，ガラスの製造から光学器械の工作までやり名人といってもよい技術者になった．

　光学や数学も自習して理論的な知識も豊富になっていたので，ミュンヘン学士院の会員に推せんされた．

　ミュンヘンには"英国公園"とよばれる美しい庭園があり芝生がみごとであ

った．これはトンプソン[1]がロンドンの有名なキュー公園をモデルにしてつくったものである．キュー公園には支那風石塔があったので，英国公園でも赤い屋根の塔をつくり軒には木製の鐘をつるした．1789(寛政元)年であった．

この塔は市民にはたいへん評判がよく，第二次大戦では空襲で焼けてしまったが，最初に再建されたのはこの塔であった．

米国生れのトンプソンは独立戦争のとき将校として英国軍と戦っていたが，途中から英国側につき英本国へ逃亡してしまった．

ロンドンにいてもあまり面白いこともないので，就職運動もかねてヨーロッパ旅行にでかけた．途中ストラスブルクでババリアのマキシミリアン公に出会い，ババリアの首都ミュンヘンにいくことになる．

ミュンヘンではマキシミリアンの伯父セオドールが政権をにぎっていた．トンプソンはここで貴族にしてもらいラムフォード伯となる．

ラムフォードは大いに政治的手腕をあらわして工場をつくり，工業学校をつくり士官学校をもつくった．

1799(寛政11)年にセオドールが死去するとロンドンにいき，王立研究所をつくった．これは自然科学とその応用について一般の市民に広く伝えようという目的でつくられた．

有名なファラデーの電磁気に関する発見はこの研究所でおこなわれた．またファラデーが始めたクリスマス講演は今もつづいていて，最近の科学，工学について専門家の講演が聞けるようになっている．

ラムフォードはこのように科学の応用とか普及に熱心であったが，彼自身も立派な研究結果を残している．

18世紀の終わり頃，ババリアにフランス軍が侵入するおそれがおきた．ラムフォードは砲兵の最高責任者であったので，1797(寛政9)年の秋には大砲の製造をいそがなければならなくなった．

当時の大砲は砲金あるいは真ちゅうの鋳物で砲身をつくり，錐で中心に孔をあけて造られていた．動力には馬が使われることが多かったが，そのとき大量

---

[1] B. Thompson (1753～1814)

の熱が発生するのにラムフォードは気がついた．

これは馬がする機械的な仕事が熱にかわる現象である．

ラムフォードは一定量の水の中で同様な実験をして水の温度の上昇から熱の仕事当量を測定しようとした．その時に得た値を使って計算してみると，1カロリーが5.5ジュールとなる．ラムフォードはこれらの実験結果をロンドンの王立協会で1798(寛政10)年1月に発表している．

熱の仕事当量については，ジュール[1]が長時間かけて測定し，1850(嘉永3)年には4.16ジュールという値を得ている．最近は4.186ジュールとなっている．

1963(昭和38)年9月の終わり頃には私はオランダにいた．南部の町でベルギーの国境に近いところにアイントホーフェンがある．

ここには弱電メーカーで有名なフィリップス社がある．一時は日本の松下電器と密接な関係をもっていた．

フィリップス社の商品に小型で便利な空気液化機があるので，工場の見学におとずれた．この液化機はジュール-トムソン効果によらず膨張器だけで低温をつくり，能率がたいへんよい．運転開始後十数分で液化が始まり無人運転もできる．実験室で使用するにはまことに便利な液化機であるので，日本にもかなりの数が輸入された．

ヘリウム液化機もつくられていたはずであるが，これは見学できなかった．

ライデンには有名な低温研究所があるので見学にいった．この研究所はヘリウムを最初に液化し，超伝導現象を発見したオンネスが始めたものである．ライデン大学の中にある．ライデン大学はヨーロッパでも古い大学で，有名なオレンジ公ウィレム[2]がつくったといわれる．日本とも縁がふかい．

1863(文久3)年，日本からの最初の留学生として西周，津田真道，赤松則良らがライデンについた．

西と津田はライデン大学で法律，経済等を学び，赤松はハーグにうつり造船

---

[1] J. P. Joule (1818〜1889)

[2] Willem van Oranje (1533〜1584)

を学んだ．西は帰国後，将軍慶喜の家庭教師をつとめ，明治になると沼津兵学校の校長をつとめたり学士院の院長をつとめたりして男爵になった．

津田は帰国後，開成所教授になったが明治になると主として司法関係の職につき男爵になった．

赤松は帰国すると間もなく幕府がつぶれたので，徳川家の沼津兵学校の校長になった．明治になると海軍に入り造船関係の最高責任者となり，西，津田両氏のごとく男爵になった．

ライデンの町を歩いていると古い日本の城下町のような気がする．石だたみの道は運河の横にならんでいる．

ライデン大学で低温の研究が始まったのは19世紀末である．気体の圧力と体積の関係をしめすには古くからボイル-シャルルの法則がある．しかし気体の圧力が大きくなるとこの法則は少しあやしくなるので，オランダのファン・デル・ワールス[1]が気体の圧力と体積の関係を示す状態方程式を新しくつくった．

その式が正しいのか否かを実験でたしかめるのが，カマリング・オンネスの最初の研究であった．それには低温が必要なので，1889(明治22)年には空気液化機をつくり，1906(明治39)年には水素液化機をつくった．これで$-250°C$あたりまでは実験ができる．それ以下の温度はヘリウムを液化しなければならないが，オンネスはこれにも成功した．これで$-270°C$あたりまでは実験ができるようになった．1908(明治41)年である．

オンネスの研究所はながい間，世界でただ一つの低温研究所であった．低温での研究が今日のように盛んになったのは第二次大戦以後のことである．

クラマースさんの案内で研究所内を見学する．クラマースさんは有名な理論物理学者H. クラマース[2]さんの甥であった．

研究所内はこれから新しく改良に着手する予定であるとかで，教科書でおなじみの古い大きな装置がならんでいた．

---

[1] J. D. van der Waals (1837〜1923)
[2] H. A. Kramers (1894〜1952)

図15　オンネス研究所（ライデン）

オンネスが最初にヘリウムを液化した装置もそのままであった．

日本の低温研究の大先輩である物理の木下正雄先生，化学の鮫島実三郎先生達がライデン大学で学ばれたのはオンネス全盛の時代であった．

オックスフォードのクラレンドン研究所を見学したのは10月の初めであった．美しい芝生にかこまれた建物である．

ここで低温の研究を始めたのは前にも述べたシモンで，1933(昭和8)年であった．彼は熱力学の大家でネルンストの弟子でブレスラウやベルリンで低温の研究をしていた．

オックスフォードにくると昔からの弟子であるメンデルスゾーンやカーティが集まってきて低温研究室ができあがった．

大型のヘリウム液化機があったが，まず液体空気，液体水素で予冷してジュール-トムソン効果で液体ヘリウムをつくるという方法であった．

その頃，アメリカではコリンズのヘリウム液化機が発明されていて，至るところで使われていたので，クラレンドン研究所で質問したところ"あれは初心者にはよいだろう"という答えがかえってきた．

シモンは，第二次大戦中カナダで原爆の材料であるウラニウム235の分離を指導し，アメリカのオーク・リッジに大規模な工場を建設した．

戦後は英国に帰り，1956(昭和31)年にはクラレンドン研究所長になりサーの位をもらった．

クラレンドン研究所の見学を終えるとメンデルスゾーン先生のお宅によばれ，お茶をいただいて帰った．

ロンドンの科学博物館も立派であった．入場は無料である．ワットがつくった蒸気機関の実物大の模型があり圧縮空気を送ると運転が可能であった．

10月下旬，米国のボストンに到着，有名な工科大学MITを訪問した．MITでは大阪市大で宇宙線の研究をしていた菅浩一，小田稔の2君が滞在中であった．

小田さんはX線天文学の大家になったが，その頃はX線用のスダレ望遠鏡をつくっていた．菅浩一さんの案内で低温研究室を見学し，コリンズさんから直接に説明してもらうことができた．かたわらではコリンズの装置が大きな音をたてて動いていた．

コリンズが便利な液化機をつくったのは1947(昭和22)年で，それまでは液体ヘリウムが使える研究所は世界に数個所しかなかった．低温物理学の歴史を"コリンズ以前"，"コリンズ以後"と区別するほどであることはすでに述べた．

1966(昭和41)年9月にはモスクワで第10回国際低温物理学会があったので信貴さんと出かけた．その頃はモスクワまで直行の航空便がなかったので，横浜からナホトカまでは船，そこからハバロフスクまで汽車，そしてモスクワまでは航空機でいった．

学会ではスズの薄膜の超伝導と磁場の関係について，信貴さんに発表してもらった．

学会後の宴会では山盛りのキャビアとウォッカと室内楽の演奏で大いにもり上がり，カピッツァ先生に手帳を出して"何か一筆"とたのんだところロシア語で"歓迎日本の物理学者"と書いていただき，本多光太郎先生の話も出た．

カピッツァが所長をしている国立物理問題研究所にも見学にいった．ここには有名なカピッツァ発電機がある．

全速で回転している発電機からの回線をショートさせて，瞬間的に流れる大電流をソレノイドに通じて強磁場を得る装置である．直径が1mほどの小型の発電機であるがドイツのシーメンス製であった．

液体ヘリウム3と液体ヘリウム4の混合液を使って0.4K以下の超低温をつくる装置もできていた．

カピッツァはロシア生れでペトログラード工業大学で教育を受けた後，英国にわたりケンブリッジのラザフォードの下で研究をしていた．先に述べた発電機はこの時代につくられた．

研究者として有名になってからは，ソ連からたびたび帰国をすすめられたが承知しなかった．しかし1934(昭和9)年にソ連を訪問すると，強制的にひきとめられてしまった．その代わりに英国で使用していた研究装置は全部ソ連が買いとってくれた．カピッツァ発電機もその一部である．

1941(昭和16)年には新しい空気液化機の発明でスターリン賞を，1943(昭和18)年には液体ヘリウムの研究で再びスターリン賞をもらった．

1945(昭和20)年には核兵器の研究に反対したためスターリンに職をうばわれたが，その死後には復職することができた．

有名な理論物理学者ランダウ[1]もこの研究所の職員であったが，私が見学にいった頃は自動車事故で入院中であった．その後，回復することができず1968(昭和43)年に亡くなった．

モスクワ大学はナポレオンが本陣にしていた丘の上にあった．学舎の正面にはロモノーソフ[2]の立像があった．彼はロシア自然科学の始祖といわれ，モスクワ大学の設立者の一人であった．

---

[1] L. D. Landau (1908〜1968)
[2] M. V. Lomonosov (1711〜1765)

岡山理大—*1972*年

1972（昭和47）年に定年になったので私は大阪市大を去ったが，研究室には，信貴さん達の努力で核磁気冷却の装置もでき，関西の低温研究の拠点として活躍をつづけている．

　新制大学ができて最初の学生が入ってきたのは1949（昭和24）年の春であった．

　このとき最初に困ったのは新入生にどのような物理学の講義をしたらよいかという問題であった．

　戦争の影響もあり，どの程度の物理教育を受けてきたかは不明であった．旧制高校を教養部として組み入れた大学では旧制高校からの物理の先生がそのままの状態でひきつがれるのでよいが，その他の大学では様子がよくわからなかった．

　また文科系の学生にも物理学を教えなければならなかった．

　私はまず旧制高校程度ならよかろうと思って学生諸君の顔を見ながらおそるおそる講義を始めてみた．

　理科系の学生にはこれでもよさそうであったが，文科系の学生にはどうも不適当と気がついたので，なるべく数式を使わない講義に切りかえていった．

　教養課程での物理教育をどのようにするか？　という問題はどこの大学でも取り上げられたらしく，日本応用物理学会では1960（昭和35）年代から議論され，少しおくれて日本物理学会でも考えられるようになった．

　新制高校でも重要視され，大阪では1965（昭和40）年頃から大学，高校から有志者が集まり物理教育について話し合うようになった．その頃の世話人の代表は阪大，理学部教授の故渡辺得之助氏であった．それに大阪市大から数人の教員が出席していた．

　まず取り上げられたのは大学入試における物理学の試験問題であった．

　大学側では高校の物理教育の実情がよくわからないので，かなり不適切な出題もあったらしい．

　このあたりを接点として大学，高校の物理教育に関する話し合いが始まり今日にいたっているが，物理教育学会もでき，ますます盛大になりつつあるようである．

大阪市大を定年で退職して長年の大学生活から開放されヤレヤレと思っていると，郷里の先輩から声がかかり翌年から岡山理科大学につとめることになった．

　当時は理学部はなく，理工学部の形になっており応用物理学科ができていた．戦前からある旧い歴史をもつ私立大学は別として，戦後につくられた多数の私立大学では教員を集めるのがたいへんであったらしい．

　しかも経営上の必要から学生も多数入学させなければならない．旧制の大学では1学年の学生数は1クラス20～30人の程度であったが，私立大学では100人以上の学生に物理の教育をしなければならない．

　旧制高校では2クラス80人ほどの生徒が一度に講義をきき，実験もしていたが，研究の手ほどきをする必要はなかった．

　しかし新制大学では4年間に一般物理学から専門的な物理学，それから卒業研究まで指導しなければならない．これはなかなか重要な問題で，今でも充分には解決していない．

　岡山理大では光物性に関する実験的研究は前からおこなわれていたが，低温に関する装置ではチッ素液化機がそなえられていた．

　1960(昭和35)年代になると，国内でも小型ヘリウム液化機が珍しくなくなっていたので岡山理大でも買入れることができた．

　そのうちに大阪市大の低温研究室にいた藤井佳子さんが着任し，まもなく定年で退職した信貴豊一郎さんもきたので，本格的に低温の研究を始めることが可能になった．

　温度は0.001 K (mK) 程度の超低温をつくることができる．常温から100 Kあたりまでは液体チッ素で冷却する．液体チッ素は今では自由に買入れることができるので研究室でつくる必要はない．

　それから5 Kあたりまでは液体ヘリウムで冷却する．液体ヘリウムは今のところ自由に入手できないので研究室でつくらなければならないが，岡山理大では大型のヘリウム液化機をそなえてあるから不自由はしない．

　さらに低温にするにはヘリウム3を使った希釈冷凍機を利用する．これで0.01 Kあたりまで冷却することができる．

図 16　大阪市大　低温研究室(1964 年)
左より，佐治，奥田，信貴.

　この方法は 1960(昭和 35)年代から使われるようになった．液体ヘリウム 3 が液体ヘリウム 4 の中に拡散していくときに温度が下がるのを利用する．

　0.01 K より温度を下げるには核断熱消磁法による．これは原子核がもつ磁気モーメントを利用する方法で，まず外部から磁場を作用させて断熱状態にし消磁すると温度が下がる．

　日本で最初に核断熱消磁法に成功したのは大阪市大の低温研究室で，1978(昭和 53)年に児玉隆夫さんの努力による．

　1994(平成 6)年には，ヘリウム 3 とヘリウム 4 の混合液の性質について，0.000097 K の超低温で研究するのに成功している．

　岡山理大では銅を使い 1 テスラ（10^4 CGS）程度の磁場を使用して 0.001 K のあたりまで冷却することができた．

このような超低温をつくるには外部からのエネルギーの流入をできるだけ防がなければならないので，ラジオ，テレビなどの電磁波を入れないために部屋の壁に銅板を張らなければならない．

　実験室の床からくる振動，排気ポンプなどからくる振動などの機械的エネルギーの侵入も防ぐ必要がある．

　このような注意をすると岡山理大では1か月以上のあいだ0.001 K以下の超低温をたもつことができた．この温度で硫酸銅カリウムの核比熱の測定に成功した．

おわりに

　20世紀の物理学で核エネルギーに関する研究，実験，応用が大きな話題になるのは当然だと思われるし，原子爆弾の出現も大事件であった．

　原爆の唯一の被害国であり体験国であった我国の一物理学徒であった私は，少し長すぎたかと思うが，原爆のことにふれざるを得なかった．

　市中に閉居している一老人の現状では充分な文献を利用することができなかったが，手もとにあった次のような文献のお世話になった．

　　Hartcup and Allibone : Cockcroft and the Atom
　　Peierls : Bird of Passage
　　Anms : A Prophet in Two Countries
　　Powers : Heisenberg's War
　　Walker : German National Socialism and the Quest for Nuclear Power 1939-1949
　　Seber and Crease : Peace & War
　　Moss : Klaus Fuchs
　　Lewis and Litai : China Builds the Bomb
　　日本学術振興会：原子爆弾災害調査報告書

2000年6月10日

奥　田　　毅

人名索引

あ

愛知敬一 …………………11, 26
アインシュタイン, A. ………10, 27, 92
青木寛夫 ……………………52, 56
青山新一 ……………………130
赤松則良 ……………………173
浅田常三郎 …………46, 49, 75, 76, 116
アストン, F. W. ……………70
アダムス, W. ………………18
アップルトン, E. V. …………81
アマルジ, E. ………………107
荒勝文策 ……………………76, 98
アルバレ, L. ………………117
アンダーソン, C. D. ……39, 59, 141

い

石原純 ………………10, 26, 27
一戸直蔵 ……………………17
伊藤順吉 ……………………56

う

ウィグナー, E. P. …………91
ウィック, G. ………………107
ウィムシャースト, J. ………4
ウィルソン, C. T. R. …………39
ウーレンベック, G. E. ………109
ウォルトン, E. T. S. ………39, 54
宇田新太郎 …………………47, 84
ウルフ, T. ………………142

え

エイカース, W. A. ……………95
エジソン, T. A. ………………16
エゾー, A. ………………101, 103
エディントン, A. ………………18

お

王塗昌 ………………………151
大久保準三 …………………30
オージェ, P. ………………93
岡小天 ………………………46, 52
岡田武松 ……………………142
岡部金治郎 …………………61
岡谷辰治 ……………………46, 52
奥村孝一 ……………………135
オッペンハイマー, J. R. ……125, 126
小野忠五郎 …………………68
小俣虎之助 …………………135
オリファント, M. ……………118, 121
オングストローム, A. J. ………67

か

カーティ, N. …………………139
海部要三 ……………………135
カピッツァ, P. ………………118, 176
カマリング・オンネス, H. ………2, 173
ガモフ, G. ………………54, 56
川村肇 ………………………73
神田英蔵 ……………………130

き

菊池正士 ………52, 56, 80, 83, 143, 165
木下正雄 ………………………135
木村毅一 ………………………167
木村駿吉 ………………………6, 7
キュリー，I. …………37, 108, 148
キュリー，M. ……………………37
キュリー，P. ……………………31

く

日下部四郎太 …………………26
クラーク，A. G. ………………18
クラマース，H. A. ……………173
クルジウス，K. …………………97
クルチャトフ，I. ………………120
クレイ，J. ………………………142
グローブス，L. R. ……93, 121, 125, 126

け

ゲーリング，H. ………………103
ゲールラッハ，W. ……………104
ケネリー，A. E. ………………82
ケルビン …………………………24

こ

コーエン，K. …………………120
小竹無二雄 ……………………134
小谷正雄 ………………………84
児玉隆夫 ………………………180
コッククロフト，J. D.
 ………39, 54, 92, 94, 95, 144
小林稔 ……………………………60
コリンズ，S. C. …………132, 175
コワルスキー，L. ………94, 109
コンプトン，A. H. ……20, 94, 142

さ

坂田昌一 …………………………60
三枝彦雄 …………………………30
佐治吉郎 ………………………135
沢田昌雄 ……………………46, 52

し

シーボルグ，G. T. ………………90
ジオーク，W. …………………140
信貴豊一郎 ………133, 135, 137, 179
シモン，F. E. ……95, 138, 139, 141, 175
ジャマン，J. C. …………………33
周恩来 …………………148, 150, 156
シューマン，V. …………………74
シューマン，R. A. ……………101
シューマン，E. ………………101
ジュール，J. P. ………………172
朱光亜 …………………………151
シュトラスマン，F. ……………88
シュナイダー，T. ………………68
シュレディンガー，E. ………20, 22
正力松太郎 ……………………164
ジョリオ，F. ………37, 91, 108, 148
ジラード，L. ……………………90

す

スターリン，I. V. ……………20, 126
スペール，A. …………………102
スペンス，R. …………………94
菅原吉彦 ………………………75

せ

セグレ，E. ………………………90
セッキ，A. ………………………17
銭三強 ……………………149, 154

そ

ゾンマーフェルト, A. ………21, 27, 89

た

高橋胖…………………………34〜36
武田栄一………………………56, 76
武谷三男………………………60
田中舘愛橘……………………22
タンマン, G.…………………26

ち

チサード, H. ……………………82, 92
チャーチル, W.
　………………2, 93, 121, 124, 126, 146
チャドウィック, J.…38, 92, 95, 121, 125
チューブ, M. A. ……………………82

つ

津田真道…………………………173

て

ディーブナー, K. ……96, 101, 103, 107
ディッケル, G.……………………97
テイラー, G. I. ……………………123
デバイ, P. ……………………140
デュボア………………………26
デュワー, J. ……………………133
テラー, E.…………………91, 123, 160

と

鄧稼先……………………………154
ド・フォレー, L.…………………16
ド・ブロイ, L. V.…………………20
トムソン, G. P. ……………………90, 118
トムソン, J. J. ……………………70, 76

人名索引　187

友近晋……………………………46, 52
朝永振一郎………………11, 60, 84, 122
トルーマン, H. S. ………………126
トンプソン, B. …………………171, 172

な

長岡半太郎………………19, 25, 43, 53
中川重雄…………………………52
中村左衛門太郎…………………36
ナン・メイ, A. …………………146

に

西周………………………………173
仁科芳雄………………………30, 98, 116

ね

ネッダマイヤー, S. H. …………59
ネルンスト, H. W. ………………137

の

ノイマン, J. ……………………91, 123
ノット, C.………………………25
ノルベルト, F.…………………67
ノレー, J. A. ……………………3

は

ハーテック, P.……96, 97, 99, 102, 106
ハーン, O.………………………88
パイエルス, R.……88, 89, 96, 117, 120
ハイゼンベルク, W. K.
　………………20, 96, 100, 102, 117
ハウトスミット, S. ………………107
パッシェン, H. F. ………………33
パッシュ, B. ……………………107
林龍雄……………………………46, 42, 59
バルクハウゼン, G.………………46

ハルバン, H. ……………………93, 109
ハンプソン, W. ……………………132

ひ

ビームス, J. ……………………………121
ピクテ, R. ………………………………132
ビデレー, R. ……………………………56
ヒトラー, A. ……………………91, 101
ヒントン, C. …………………144, 145

ふ

ファインマン, R. P. …………………122
ファブリ, C. ……………………………42
ファン・デ・グラーフ, R. J. ………61
ファン・デル・ワールス, J. D. ……173
フェルミ, E. ……………88, 91, 125, 126
袋井忠夫 …………………………………130
藤井佳子 …………………………………179
藤岡由夫 …………………………………164
伏見康治 ……………………52, 56, 164
フックス, K. …………………119, 124, 145
ブッシュ, V. ……………………92, 107
フライシュマン, R. …………………109
ブライト, G. ……………………………82
フラウンホーファー, J. ………67, 170
プラクチェク, G. ………………………93
プランク, M. ……………………………10
フランクランド, E. ……………………70
フランクリン, B. ………………………4
ブランリー, E. …………………………6
フリッシュ, O. R. ……………88, 90, 117
フリューゲ, S. ……………………………96
フルシチョフ, N. S. …………………149
フレミング, J. A. ………………16, 46

へ

ベインブリッジ, K. T. ………………71
ベーテ, H. A. …………60, 118, 122, 126
ヘス, V. F. ………………………39, 142
ペニー, W. …………………………145
ベネット, R. A. …………………………4
ヘビサイド, O. …………………………82
ヘルツ, G. …………………………95
ヘルツ, H. ………………………………6
ヘルツスプルング, E. …………………17
ヘルムホルツ, H. ………………………25
ペロー, A. ………………………………42

ほ

ポインティング, J. H. ………………70
彭桓武 ……………………………………149
ボーア, N. ……………………88, 124
ボーテ, W. ……………………96, 99
ホールワックス, W. …………………10
ボルツマン, L. …………………………22
ボルン, M. ……………………21, 149
本多光太郎 ……………22, 26, 28, 32, 130
ポンテコルボ, B. ……………………146

ま

マイケルソン, A. ………………………68
マイトナー, L. …………………………118
松隈健彦 …………………………………30
松下幸之助 ………………………………77
マッタウフ, J. …………………………71
マルコニ, G. ……………………6, 82
マルシャック, R. E. …………………123

み

ミーテ, A. ………………………………20

人名索引　189

ミュッセンブロク, P. ……………3
宮地政司 ………………………164
宮原節 …………………………19
ミリカン, R. A. ……………39, 142

め

メンデルスゾーン, K. ………139, 175
メンデンホール, T. ……………22

も

モーズリー, H. G. J. ……………2
毛沢東 ………………148, 149, 157
モット, N. ……………………119
門奈五兵 ………………………130

や

八木秀次 …………16, 43, 46, 84, 128
山岡望 …………………………iii
山川健次郎 ……………………22
山口太三郎 ……………………52
山本一清 ……………………17, 165

ゆ

ユーイング, J. A. ………………24
ユーリー, H. C. ………………38, 93
湯川秀樹 ………………46, 52, 164

ら

ラウエ, M. ……………………111
ラザフォード, E. ………………6
ラッセル, H. N. ………………18

ラビ, I. I. …………………84, 124
ラベル, B. ……………………83
ラングミュア, I. ………………35
ランジュバン, P. ………………108
ランダウ, L. D. ………………176

り

リビングストン, M. S. …………58
リンデ, C. ……………………132
リンデマン, F. A. ……………137

る

ルーズベルト, F. D. ……92, 93, 121, 124
ルームコルフ, H. D. ……………5
ルスト, B. ……………………103

れ

レナード, P. …………………10

ろ

ローランド, H. ………………67, 68
ローレンス, E. O. ……………56, 58
ロモノーソフ, M. V. ……………176

わ

ワールブルク, E. G. ……………24
ワイツゼッカー, C. F. ………99, 100
渡瀬譲 ……………52, 83, 143, 167
渡辺得之助 ……………………178
ワトソン・ワット, R. A. ………81

著者略歴
奥田　毅（おくだ　つよし）

1908 年　岡山県に生る
1932 年　東北大学理学部物理学科卒
1941 年　理学博士
1949 年　大阪市立大学教授
1972 年　大阪市立大学名誉教授
　　　　元岡山理科大学長

著　書
基礎物理学（上）（中）（下）
理工系―基礎物理学演習（Ⅰ）（Ⅱ）
文科の物理　実験物理の歴史
低温―低温工学入門
基礎教養　物理実験
低温小史―超伝導へのみち
ラムフォード伝
物理のあしおと

2001 年 3 月 10 日　第 1 版発行

著者の了解に
より検印を省
略いたします

私の物理年代記

著　者　奥　田　　　毅
発 行 者　内　田　　　悟
印 刷 者　山　岡　景　仁

発行所　株式会社　内田老鶴圃（ろうかくほ）　〒112-0012　東京都文京区大塚 3 丁目 34 番 3 号
電話　03(3945)6781・FAX　03(3945)6782
印刷・製本／三美印刷 K.K.

Published by UCHIDA ROKAKUHO PUBLISHING CO., LTD.
3-34-3 Otsuka, Bunkyo-ku, Tokyo 112-0012, Japan

U. R. No. 510-1

ISBN 4-7536-2047-6 C1040

物理のあしおと

奥田 毅 著
A5判・362頁・本体価格3000円

物理学は理論と実践をくり返しながら進歩してきた．その理論に悩み，実験にとまどう先人達の生きている姿を中心に語りながら，物理の進歩の足跡を探る．
1 運動と力／2 熱とエネルギー／3 電気と磁気／4 光と電磁波／5 ミクロの物理

低温小史 超伝導へのみち

奥田 毅 著
B6判・224頁・本体価格2000円

めざましい発展を遂げた低温超伝導の世界．本書は40年以上にわたってこの低温の世界を見つめてきた著者が，低温にまつわる歴史を説きあかし，その無限の可能性を語る．
人間と寒冷／温度計の歴史／自然の寒さ・人工の寒冷／気体の液化／液体空気／液化天然ガス(LNG)／液体水素／液体ヘリウム／クライオポンプ／ヘリウム3／超伝導（超電導）／超伝導エレクトロニクス／高温超伝導体／磁気冷却法／低温度の測定／絶対零度／低温と生物

やさしくわかる流体の力学

大亀 衛 著
A5判・120頁・本体価格2300円

著者の長年の講義経験から得た流体力学のエッセンスをコンパクトにまとめたもの．式と式との間を詳しく解説しており「流体力学」の理解の深化を助ける．
質量／速度／加速度／力／理想流体の力学／粘性流体の力学

統計力学

松原 武生 監修　藤井 勝彦 著
A5判・280頁・本体価格4800円

古典的な熱統計力学から量子統計学の基礎までを扱う．著者が，講義をもとに実践的立場でまとめており，問題を多数配して無理なくまた直感的な理解を促す好著．
熱力学の基本的な関係式／確率の基本的な概念／分子運動論／力学過程への確率の導入／小正準集合の方法／正準集合の方法／大正準集合／第2量子化法による統計物理／相転移

光の量子論 第2版

R. Loudon 著　小島 忠宜・小島 和子 共訳
A5判・472頁・本体価格6000円

光及びそれと原子との相互作用の性質を理解するために必要な基礎理論を詳しく解説する．定評ある初版に，最新の知見を加えて大幅に改訂した原著第2版の待望の邦訳．
Planckの放射法則とEinstein係数／原子-放射相互作用の量子力学／カオス光のゆらぎの性質／量子化した放射場／量子化した場と原子との相互作用／光子光学／光の発生と増幅／共鳴蛍光と光散乱／非線形光学

内田老鶴圃

価格には別途消費税が加算されます．